LE REVE DE SABRINA

法 國 糕 點 基 礎 篇 II

0180

法國藍帶 東京校

SOMMAIRE

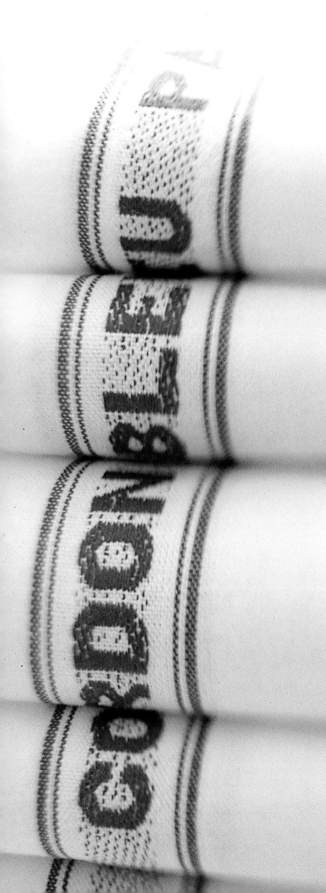

來自法國藍帶廚藝學院"LE REVE DE SABRINA"系列叢書共有5冊。法國料理基礎、法國糕點基礎、法國麵包基礎、再訪法國料理基礎Ⅱ等4冊,緊接著『LE CORDON BLEU法國糕點基礎篇Ⅱ』也即將出版了!

由於奧戴莉赫本所主演的「龍鳳配」,出版LE REVE DE SABRINA系列叢書,期待在家裡也能開心地做出法國料理及甜點,也因為能夠成為初學者在學習法國料理或糕點、麵包各方面的指南書,所以廣受日本讀者的好評。這段期間,在法國「1999年世界烹調書比賽」日文版書籍更奪得最佳烹調書大獎,獲得無上的榮譽。

基本篇中編入許多傳統蛋糕的簡單解說,讓初學者能由本書在技巧上更上一層樓。書中的配方網羅了在法國糕點中不可欠缺的傳統點心,如家常式甜點、冰淇淋及冰砂、焦糖巧克力等加工後的甜點,還有塔點、派品等,範圍相當廣泛。特別是在最

近，法國婚禮中所用到的甜點在日本也相當風行，甚至於在大型宴會上用到的鬆脆餅（croquembouche）也是非常費工的甜點，它需要擁有純熟的製作技巧，如果有機會一定要來挑戰看看。此外被法國人稱為有 "媽媽" 味道的家庭糕點（Pâtisserie famille），由於技術經過代代相傳，味道也而引領出特有的風味，算得上是較常吃到和買到的法國甜點。冰淇淋及冰砂大多是買現成的來吃，若在家做也能做不一樣風味的香草冰淇淋及鮮果冰砂。

書中最末頁有基礎技巧篇，對於法國糕點製作所需用到的派皮、蛋白霜做法及巧克力調溫法，都有圖片的解說及詳細的敘述，希望能夠更靈活運用在糕點中。接著，就讓我們來介紹法國藍帶廚藝學院「LE CORDON BLEU」。

法國藍帶的歷史超過100年以上。1895年在記者瑪特·迪士泰勒(Marthe Distel)所發行的料理雜誌「LA Cuisinière Cordon

Bleu」中廣受好評，為了回饋本書讀者於1896年1月在巴黎市中心 Palais Royal 舉辦首次講習，也為現在的『法國藍帶』料理學校跨出了第一步。

1900年初期，偉大的亨利·保羅·培拉帕哈（Henri-Paul Pellaprat）主廚，秉著在教育界40年的教學經驗，開始傳授教學，在當他還是主任教授時寫了一本『現代料理技法』（"L'Art Culinaire Moderne"）不論是法國料理的傳統技巧或現代方法，都視此書為必讀的書籍。

創校以來，秉持著保留傳統並注入潮流的新使命，創造出調理技法。今日在巴黎、倫敦、東京、加拿大、澳洲雪梨及阿德雷德、美國、南美的巴西、阿根廷等世界各地正在教授學生們正統法國料理、糕點和麵包的製作。

東京校在代官山，1991年創校以來，邀請到法國主廚教授與巴黎校同樣的法國藍帶教育課程，成功的關鍵在於主廚實地操作演練，再加上不斷地實習，以法語與日文同步進行。

還有，學校的教育主軸是舉辦各類活動。1999年6月，專門為視障者設計的法文點字料理書，透過 Valentin Haüy 協會合作出版 "Cuisiner sans voir avec Le Cordon Bleu"（『閉著眼睛與法國藍帶一起料理』）。分為肉、魚、沙拉等10個主題，50道配方介紹給大家。

在澳洲各大學裡採用同樣課程，並被負責奧運料理相關機構指名擔任雪梨2000年奧運開幕儀式的料理，因而傳為佳話。

在本系列叢書中，法國藍帶的糕點裝飾餐具，玻璃製品類法國藍帶廚藝學院也取得姐妹社「PIERRE DEUX FRENCH COUNTRY」的協助。

皮耶.的.法國鄉村—專門向世界介紹法國鄉村各地的工藝品。紐約本店、比佛利的RODEO DRIVE等全美9家店舖，並在日本東京惠比壽開了家服飾店。嘗試著從法國料理、糕點等 "L'Art de Vivre à la Française" 全方位傳達法國風尚的生活藝術。

分成8個主題，從傳統家庭糕點到必需用到的技巧及糕點裝飾，範圍非常廣泛的法國甜點中，選取法國最具代表性的宴會用蛋糕（大型甜點），並首推結婚儀式裡不可缺少的「croquembouche（鬆脆餅）」。而布列塔尼（地區）地方糕點、重奶油蛋糕等等的家庭甜點、冰淇淋、冰砂，有機會您何不妨買部製冰機來試試看。

基 本 做 法

巧克力和焦糖這類加工過類，特別是巧克力也可獨立專門店。跟別的材質比較起的甜點，更被細分為好幾大分成一類，並且有開設巧克力來，巧克力可以算是一種細緻的素材，很難將各種種類的巧克力收集到手，在此要為您介紹在家中就可以製作的簡單巧克力。至於烘焙糕點在技術上，並沒有特別難以克服的問題，只是在 "烘烤（cuisson）" 的時候，只要能判斷時間、溫度、麵糰的狀態就可以了。大型蛋糕及塔點、派品可以依素材的不同搭配出不同的組合，也可以依照自己的喜好做出不同口感的甜品，最重要的是對基本麵糰、奶油、慕斯等特性的瞭解。接下來，在製作頁上 les ingrédients pour 8 personnes 是指8人份、matériel是蛋糕模（φ是直徑）、finition是結尾、commentaires是註解→p92為做法參考p92頁。手粉、模型、烤盤裡塗抹的奶油、粉、砂糖類，全部都是配方以外的材料，工作台最好是大理石材，烘焙時間會因烤箱的不同而多少而有些差異。

RELIGIEUSE
泡芙宴會應用 I

CROQUEMBOUCHE

泡芙宴會應用 II

RELIGIEUSE
泡芙宴會應用 I

造型取自於修女服外型所創造出的小泡芙塔，常成列於糕點店中的展示窗，但是如此大型的泡芙塔卻很少見。

Les ingrédients
pour
12 personnes

materiel：
φ18×4㎝芙濃模　（1個）
φ5~6㎝圓形切模　（1個）

＜奴軋汀＞→見 *p96*
砂糖　　500g
葡萄糖　200g
杏仁角　250g
檸檬汁　2~3滴

＜泡芙＞
水　250 cc
無鹽奶油　100g
鹽　3g
砂糖　6g
低筋麵粉　150g
全蛋　4個

＜焦糖＞→見 *p94*
砂糖　500g
水　200 cc

＜糕點奶油餡＞
牛奶　500 cc
砂糖　125g
蛋黃　5個
低筋麵粉　25g
玉米粉　25g
香草條　1/2條

巧克力　適量
咖啡精　適量

＜奶油餡＞
蛋黃　3個
砂糖　80g
水　25 cc
無鹽奶油　180g

巧克力風凍　適量
咖啡風凍　適量

commentaires：
■風凍→見 *p39*做好後分別加入巧克力、咖啡精混合。

1 將做好的泡芙料→見 *p99*放入裝有直徑1㎝花嘴擠花袋，在烤盤做出直徑14㎝、12㎝、6㎝、4㎝的環狀記號各一再延著線擠出。

2 接下來再擠出直徑2㎝和4㎝各2個球狀及12根長約10㎝的條狀。

3 **1**和**2**皆在其表面塗上蛋黃液（份量外），用沾有水的叉背輕輕劃過表面，放入180℃烤箱中，烤約20~25分鐘。

4 待**3**冷卻後用花嘴在其底部打洞。條狀泡芙打2個洞，環狀泡芙打6個洞。

5 將做好的糕點奶油餡→見 *p105*分成兩份，分別加入巧克力及咖啡精混合成兩種口味，並放入直徑3㎜花嘴擠花袋中將**4**填滿。

6 將**5**已填滿的泡芙表面，分別用巧克力或咖啡風凍沾上，再用食指將其周圍修飾乾淨。

7 做好一個奴軋汀淺盤狀→見 *p96*，泡芙沾焦糖固定在盤台上，再取泡芙把側面沾焦糖後固定。

8 將**7**的泡芙頂端沾焦糖後放上直徑14㎝的環狀泡芙。

9 弦月狀奴軋汀→見 *p96*沾焦糖貼在**7**的盤台。

10 做好的奶油餡→見 *p59*中加入咖啡精放入菊型花嘴擠花袋，在長形泡芙間及上方擠上奶油。

11 **8**的上面擠上**10**的奶油後將直徑12㎝環狀泡芙擺在上面，重覆上面的步驟擺上6㎝、4㎝最後再擺上圓形泡芙（共計6層）。

12 將**10**的奶油餡放入菊型花嘴擠花袋，在弦月狀奴軋汀邊做擠花裝飾。

CROQUEMBOUCHE
泡芙宴會應用 II

常見於結婚儀式或是一些慶典場合，用清脆(croquant)口中(bouche)這兩個單字結合而成的甜點名。

Les ingrédients
pour
25~26 personnes

materiel：
φ18×4㎝芙濃模（1個）

＜泡芙＞
水　500 cc
無鹽奶油　200 g
鹽　6 g
砂糖　10 g
低筋麵粉　300 g
全蛋　8個

＜糕點奶油餡＞→見 p105
牛奶　500 cc
砂糖　125 g
蛋黃　5個
低筋麵粉　25 g
玉米粉　25 g
香草條　1/2條

＜奴軋汀＞
砂糖　1 kg
葡萄糖　400 g
杏仁角　500 g
檸檬汁　2~3滴

＜玻璃糖霜＞
糖粉　200 g
蛋白　30 g
檸檬汁　1/4個

＜焦糖＞
砂糖　1 kg
水　400 cc

粗粒砂糖　適量
杏仁糖果　適量
玫瑰花（拉糖）

commentaires：
■玻璃糖霜製作方法
糖粉過篩倒入盆中，加入蛋白、檸檬汁用攪拌器拌勻。

1 做好的泡芙料→見 p99 放入直徑1㎝花嘴擠花袋，在烤盤上擠出80個直徑3㎝圓球狀，塗上蛋黃液後（份量外）放入180℃烤箱，烤約20~25分鐘。

2 待**1**冷卻後用花嘴在其底部打洞，擠入奶油。

3 做成的淺盤狀奴軋汀→見 p96。台邊利用玻璃糖霜擠上花樣後待乾燥，依照 p96 **15**做成三角形奴軋汀待乾。

4 將**2**的泡芙表面沾上焦糖→見 p94 後焦糖面朝下放在紙上。

5 為了變化泡芙，取出1/4泡芙的量，沾焦糖後快速置於粗粒砂糖上。

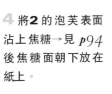

6 做出高6㎝的奴軋汀→見 p96 **12**，利用焦糖當接合劑，同樣方法再蓋上直徑18㎝的奴軋汀→見 p96 **13**黏好，放到**3**的淺盤。

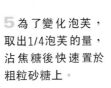

7 泡芙沾焦糖後黏在**6**表面邊緣，再依序將泡芙底部及側邊沾焦糖後固定好。

8 第一層最後一個泡芙需在兩邊及底部沾焦糖後擠進固定好。

9 疊第二層泡芙時必須黏入第一層泡芙的間隔，沾有粗糖的泡芙一併排入，同樣的方法排到第6層。

10 將直徑16㎝的奴軋汀→見 p96 **13**沾焦糖後黏在**9**上，再將直徑6~7㎝的奴軋汀→見 p96 **14**一片片沾焦糖後做放射狀排列其上。

11 底座四周圍用3三角形奴軋汀利用焦糖黏上。糖果黏在泡芙間，利用捲紙擠花袋將玻璃糖霜放入擠花裝飾。

12 用7~9相同方法在15cm的奴軋汀上疊好6層泡芙→見 p96 **13**，再蓋上7~8㎝的奴軋汀→見 p96 **14**。用糖果裝飾後放到**10**上，裝飾玫瑰花拉糖。

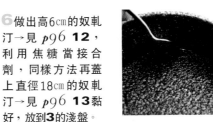
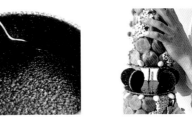

GALETTE BRETONNE

布列塔尼地方餅乾

GÂTEAU AU CHOCOLAT CLASSIQUE
傳統巧克力蛋糕

GALETTE BRETONNE
布列塔尼地方餅乾

布列塔尼地方從古早就有的傳統甜點。使用充足的奶油做出口感鬆酥的餅乾。

Les ingrédients
pour
8 *personnes*

materiel：

φ20×2cm空心塔模（1個）
φ 6×2cm空心塔模（3個）

低筋麵粉　300g
泡打粉　4g
無鹽奶油　300g
糖粉　180g
蛋黃　3個
鹽　少許
香草糖（香草精）　少許
蘭姆酒　40cc

葡萄乾　180g
蘭姆酒　適量

蛋液　適量

1 在軟化的奶油裡將已過篩的糖粉分多次加入拌合，拌至無顆粒狀。

2 鹽、香草糖加入後再加入蛋黃充分拌合。

3 加入蘭姆酒。

4 再將過篩後的低筋麵粉及泡打粉加入充份攪拌均勻。

5 接著將泡過蘭姆酒的葡萄乾加入輕輕地拌合。

6 烤盤中鋪入烤盤紙，將直徑20cm及6cm模型塗上奶油（份量外），將**5**均勻放入模型中。

7 用抹刀將表面抹平，但中間處要比週圍低窪。

8 表面塗上蛋液。

9 利用叉背劃出線條，放入180℃烤箱烤至表面、側面及底面呈金黃色為止。

10 在直徑6cm的模型中放入材料，同樣地劃上線條後烤至金黃。

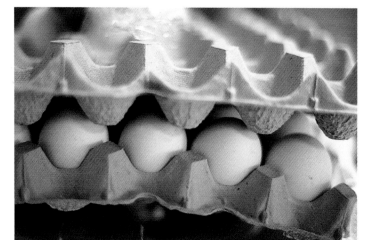

GÂTEAU AU CHOCOLAT CLASSIQUE
傳統巧克力蛋糕

法國傳統的巧克力蛋糕，這種蛋糕雖然樣式簡單，卻能在口中散發出巧克力的香醇濃郁。

Les ingrédients
pour
8 personnes

matériel：
φ18×4cm芙濃模（1個）

巧克力　125g
無鹽奶油　125g
蛋黃　3個
蛋白　3個
砂糖　125g
低筋麵粉　50g

＜裝飾材料＞
糖粉　適量

1 巧克力切碎和奶油放入盆中，利用隔水加熱使巧克力融化，再將稍拌過蛋黃加入。

2 蛋白放入另一個盆中，先輕輕攪拌均勻再加速打至稍發狀態，再加入少許砂糖繼續打，將剩餘砂糖分3次加入打到發。

3 少許**2**放入**1**中充分拌合。

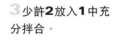

4 將**3**加入剩餘打發的蛋白中用橡皮刮刀輕輕拌合。

5 把已過篩的低筋麵粉分次加入**4**中，邊轉動盆邊輕拌。

6 在模型裡塗上奶油（份量外），再撒上高筋麵粉（份量外）後將**5**倒入。

7 輕輕地在桌面上敲2～3下，將內部空氣敲出後再旋轉模型，轉動可使中間凹陷，有助於平均膨脹。

8 溫度180℃烤約30分鐘，用牙籤插入如不沾料表示已經烤好，趁熱脫模待蛋糕冷卻後撒糖粉裝飾。

FAR AUX PRUNEAUX

蜜棗法何

GÂTEAU AUX NOIX
核桃蛋糕

FAR AUX PRUNEAUX
蜜棗法何

法何(Far)是法國家庭甜點的代表作之一、傳說誕生於奶油未被發現的年代。

Les ingrédients
pour
8 personnes

matériel：
20cm四方磁盤（2個）

低筋麵粉　180g
牛奶　750cc
全蛋　3個
砂糖　180g
鹽　8g
沙拉油　1又1/2大匙
蜜棗乾　225g

1 將低筋麵粉過篩放入盆中，中間挖一個洞。

2 在洞中加入蛋、砂糖、鹽混合，再與四周的麵粉一點一點的拌勻。

3 加入沙拉油。

4 待全部拌好時材料會慢慢變稠，再一點一點加入回室溫的牛奶1/2量繼續攪拌。

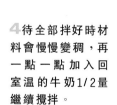

5 當**4**呈現液態狀時將剩餘牛奶加熱後加入拌合。

6 撈掉表面的泡沫。

7 用手將蜜棗輕揉變軟後用刀子切開取出籽，再恢復原來的狀態。

8 在模型底部及側面高度約一半的地方塗上奶油（份量外）待用。（有塗抹奶油的地方能烤出焦焦的樣子）。

9 材料**6**輕輕地倒入**8**的模型約至1/4高度。

10 將**7**的蜜棗放入排好。

11 爐溫180℃烤至表面變硬即可。

GÂTEAU AUX NOIX
核桃蛋糕

酥脆的塔餅中放入焦糖核桃，是口感相當紮實的甜點。

Les ingrédients
pour
8 *personnes*

matériel：
φ18×4㎝ 芙濃模（1個）

＜麵糰＞
低筋麵粉　300 g
無鹽奶油　150 g
糖粉　150 g
蛋黃　4個
香草糖（香草精）　少許

＜內餡＞
砂糖　400 g
鮮奶油　200 cc
無鹽奶油　200 g
核桃（切碎）　400 g

＜裝飾材料＞
鏡面巧克力　200 g
杏仁膏　適量
核桃　7個
糖粉　適量

finition：
■ 將杏仁膏擀至2㎜厚，裁成與蛋糕同高的寬度，取好間隔，利用3㎝直徑菊型切模取下圓片貼於表面及周圍，再將核桃置於圓片，撒上糖粉即可。

commentaires：
■ 如果需要製作不需加水的焦糖時（cuire à sec），將砂糖分次邊融邊加入，防止結晶較不易失敗。
■ 鏡面巧克力部份是使用一種不需經過調溫只要融化就可以用的巧克力。

1 首先在柔軟的奶油中加入香草糖、蛋黃用手拌勻後加入糖粉拌至無結粒狀。

2 加入過篩的低筋麵粉輕拌勻後取出，放到撒有手粉的工作台。

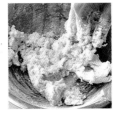

3 用手將麵糰往前反覆搓揉2次，直到麵糰無結粒狀，用保鮮膜將麵糰包住，放入冷藏約30分鐘靜置。

4 深鍋加熱，砂糖分次加入煮至焦糖狀。

5 表面有泡泡冒煙時慢慢加入已加熱的鮮奶油使焦糖溶解。

6 熄火分次加入軟化的奶油，加入切碎核桃拌勻，最後倒入淺盤中進冷藏冷卻。

7 **3** 的麵糰分成1/3和2/3，先將2/3的麵糰擀至2~3㎜厚，將直徑18㎝的淺盤放在上面，並切掉四周多餘的部分

8 奶油薄薄地塗抹在模型中，將 **7** 的麵皮放入用手指將側邊麵皮緊緊地貼住模型，用擀麵棍放在模型上輕滾過，即可去掉多餘麵皮。

9 將 **6** 的材料放入，高度不要超出模型，用湯匙將內餡整平。邊緣的麵皮用蛋液塗好待用。

10 將1/3的麵糰擀至4㎜厚，蓋在 **9** 上用擀麵棍輕滾過，去掉多餘麵皮，爐溫180℃烤至金黃。

11 烤好後不脫模，放置24小時。

12 第二天翻面脫模，放到網架，表面淋上鏡面巧克力抹平。

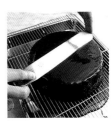

QUATRE-QUARTS AU CITRON
檸檬卡特卡

主要加入四種比例相同的材料，所以配方非常容易記，運用檸檬皮屑更能增加風味。

Les ingrédients
pour
8 personnes

matériel：
18×7cm長形模（1個）

無鹽奶油　100g
糖粉　100g
低筋麵粉　100g
全蛋　2個
牛奶　20cc
泡打粉　5g
鹽　少許
香草糖（香草精）　少許
檸檬皮屑　1/4個

杏桃鏡面果膠　適量

＜玻璃糖霜＞
糖粉　200g
蘭姆酒　20cc
水　30cc

commentaires：
■果膠
利用杏桃果醬經過篩後，刷於糕點表面增加光澤。
■玻璃糖霜(glace à l'eau)
糖粉加蘭姆酒、水混合後的物質。

1 在柔軟的奶油裡加入糖粉、鹽、香草糖、檸檬皮屑充分拌勻至無結粒狀。

2 蛋液分4次加入，攪拌至無結粒狀。

3 將已過篩的低筋麵粉及泡打粉分2次加入，用切拌方式混合。

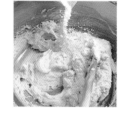

4 再將牛奶加入用同樣的方式拌合。

5 模型裡塗上奶油撒高筋麵粉（份量外）將**4**的材料用刮刀慢慢倒入模型中。

6 5輕敲面將內部空氣排出後進180℃爐溫。

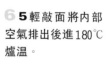

7 待麵糰中間快膨脹起來時，用小刀沾水從中間劃一刀。

8 表面烤至金黃色時用竹籤刺入蛋糕，如沒沾料表示已經烤好。

9 烤好後脫模放置於網架上，待涼表面刷上杏桃鏡面果膠。

10 塗上玻璃糖霜。

11 放入爐溫210℃~220℃烤1分鐘後待乾燥。

VACHERIN
法 雪 寒 冰 點

ANANAS GIVRE

鳳梨霜冰砂

VACHERIN
法雪寒冰點

白淨的蛋白霜與鮮奶油香醍結合的冰淇淋甜品，好像是因為酷似VACHERIN乳酪外型而取的名字。

Les ingrédients
pour
8 *personnes*

materiel：
φ18×6㎝慕斯模（1個）

＜蛋白霜＞
蛋白　100g
砂糖　100g
糖粉　100g

＜冰砂用糖漿＞
水　250cc
砂糖　300g

＜覆盆子冰砂＞
覆盆子果泥　500g
冰砂用糖漿　250cc

＜香草冰淇淋＞→見 *p30*

牛奶　500cc
鮮奶油　100cc
砂糖　125g
香草條　1/2條
蛋黃　6個

＜鮮奶油香醍＞
鮮奶油　400cc
糖粉　40g

白巧克力　少許

覆盆子　適量

commentaires：
■冰砂用糖漿做法
水加砂糖煮沸溶解後倒入盆中待涼，或是隔冰水冷卻。
■鮮奶油香醍的方法
盆中放入鮮奶油加糖粉隔冰水打發。

1 法式蛋白霜製作→見 *p95*最後加入糖粉輕輕拌勻。

2 將**1**放入裝有直徑1㎝花嘴擠花袋，烤盤鋪上烤盤紙，擠出12根7㎝長條狀，快速撒上糖粉。

3 剩餘的**1**放入裝有5㎜花嘴擠花袋，擠出2個18㎝圓盤，撒上糖粉（份量外）放進80℃~100℃烤箱烤3小時。

4 冰沙所需的糖漿和覆盆子泥混合，放入製冰機內攪拌，拌好移置盆內進冷凍。

5 烤好的**3**蛋白霜，周圍稍做修剪上面塗上少量白巧克力（2片都要）。

6 模型放在烤盤上，並於底部墊紙板，放入**5**蛋白霜將**4**直接放入擠花袋，由中心呈漩渦狀擠出。

7 利用湯匙整平再放上第2片蛋白霜。

8 香草冰淇淋放入擠花袋，在**7**上方由中心呈漩渦狀擠出，表面用抹刀修平進冷藏。

9 在**8**的模型外用瓦斯噴槍稍加熱過脫模。

10 條狀蛋白霜內側用刀稍作修平，將鮮奶油香醍放入菊口擠花袋擠在蛋白霜上**9**的側邊，取好間隔後貼上。

11 蛋白霜與蛋白霜間再擠上**10**鮮奶油香醍。

12 上面由外向內擠出直徑1.5㎝圓球，直到將表面覆蓋後放上覆盆子裝飾。

ANANAS GIVRE
鳳梨霜冰砂

利用水果果肉做成的冰砂，再裝回果殼內就是俗稱霜（*GIVRE*）的做法。檸檬和柳橙都可以做得出來。

Les ingrédients
pour
8 personnes

＜冰砂用糖漿＞
水　700 cc
砂糖　400 g
轉化糖 (trimoline)　150 g

＜鳳梨冰砂＞
鳳梨　1個（約1.7 kg）
　可製成鳳梨果泥約　900 g
冰砂用糖漿　400 cc

＜草莓冰砂＞
草莓果泥　500 g
冰砂用糖漿　450 cc

commentaires：
■ 製作冰砂使用的轉化糖是防止砂糖結晶，若買不到，依砂糖570g、水700cc的比例就可以做出糖漿。若是在24小時內食用的話不加轉化糖也無所謂，超過24小時最好加入才不致影響口感。

1 鳳梨冰砂製作。先將鳳梨整顆洗過擦乾保持原狀，縱切成2等分。

2 距離鳳梨皮1cm處切入。

3 果肉部份經縱切橫切後用湯匙挖出。

4 皮的部份先置於網架上進冷凍。

5 **3**的果肉用果汁機打汁過篩。

6 製作冰沙用糖漿→見 *p26* 放涼，將量好的糖漿與**5**混合，放入製冰機內攪拌，將打好的冰沙移入盆中進冷凍。

7 草莓冰砂製作。量好的糖漿與草莓泥混合，放入製冰機打和**6**同樣進冷凍待用。

8 將冷凍後**4**的鳳梨皮置於毛巾上固定好放入**6**材料。

9 表面用抹刀修平。

10 剩餘**6**的材料放入裝有1cm花嘴的擠花袋，在**9**的邊緣處快速擠花後進冷凍。

11 草莓冰沙放入菊口擠花袋，在**10**的中間部分擠花。

12 在**11**的上方再擠一層花後進冷凍凍硬。

MARQUISE GLACÉE
侯爵夫人香草巧克力冰淇淋

OMELETTE NORVÉGIENNE

挪威蛋捲冰淇淋

MARQUISE GLACEE
侯爵夫人香草巧克力冰淇淋

就如同名稱，採用侯爵夫人模型做成冰淇淋甜點，為了能讓群擺更為膨起，因此使用較多的鮮奶油香醍。

Les ingrédients
pour
8 personnes

materiel：
φ17×13㎝ 侯爵夫人模（1個）

＜香草、巧克力冰淇淋＞
牛奶　1.2公升
鮮奶油　500 cc
香草條　5條
砂糖　500 g
蛋黃　16個

苦巧克力　100 g

＜裝飾材料＞
鮮奶油　600 cc
糖粉　60 g
糖漬紫蘿蘭　適量
女侯爵半身像

commentaires：
■苦巧克力是一種可可純度近100％、不含糖的巧克力。

1 **香草冰淇淋製作**。牛奶、鮮奶油、1/3砂糖及香草條放入鍋中煮沸，剩餘砂糖和蛋黃拌好後兩者混合。

2 將**1**料置於鍋中加熱至濃稠狀→見 *p50*，過篩隔冰水冷卻，分兩半1/2放入製冰機內攪打後移入盆中進冷凍。

3 **巧克力冰淇淋製作**。巧克力隔水加熱融解，加入**2**剩餘的1/2拌至無結粒狀，放入製冰機內打，完成後冷凍。

4 在冰凍的模型裡放入**3**，再用湯匙挖出一個洞進冷凍。

5 **4** 空洞的部分填入香草冰淇淋後進冷凍。

6 待冰淇淋完全凍結後用烤肉叉刺入冰淇淋，用溫水略浸泡後脫模。

7 取出的冰淇淋放在鋪有台紙的烤盤上，用刀作4等份記號。

8 盆中放入鮮奶油、砂糖打發，再將打好的鮮奶油香醍放入菊口擠花袋，在**7**做好記號處擠花。

9 由下往上擠出6層裙擺。

10 剩餘1/4部份由兩側向中間擠花。

11 中間用糖漬紫蘿蘭做裝飾。

12 最後再擺上女伯爵半身像。

OMELETTE NORVÉGIENNE
挪威蛋捲冰淇淋

溫溫的義大利蛋白霜搭配上涼涼的冰淇淋，是古典的法國甜品。

Les ingrédients
pour
8 personnes

matériel：
8×30×7㎝半圓槽模（1個）

＜海綿蛋糕＞
砂糖　　90g
低筋麵粉　　90g
全蛋　　3個
無鹽奶油　　20g

＜香草冰淇淋＞
牛奶　　500cc
蛋黃　　5個
砂糖　　125g
香草條　　2條

＜糖漿＞
水　　100cc
砂糖　　100g
櫻桃酒　　適量

＜義大利蛋白霜＞
蛋白　　6個
砂糖　　320g
水　　100cc

酒漬櫻桃　　適量

1 海綿蛋糕製作。→見 *p50* 烤盤鋪上烤盤紙，將麵糊倒入抹開至30×30㎝大小，入200℃烤箱烤至表面金黃有彈性。

2 將烤好的蛋糕體置於網架上冷卻，分別切成15㎝與6㎝寬條，剩餘部分用5㎝圓形切模切2片。

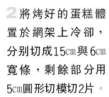

3 15㎝寬蛋糕體面朝下置於烤盤紙上，朝上部分沾糖漿後連同紙一起放入模型內。

4 6㎝寬及圓形蛋糕體兩面皆塗上糖漿，圓形蛋糕體放入模型兩端。

5 做好的香草冰淇淋→見 *p30* 無需花嘴直接裝入擠花袋，填入**4**模型，預留1㎝空間。

6 **5**的表面用湯匙抹平，6㎝寬的蛋糕體烤面向上平鋪進冷凍，待冰淇淋完全結凍。

7 做好的義大利蛋白霜→見 *p95* 裝入平嘴擠花袋內，將**6**置於鋪有台紙的烤盤上，蛋白霜擠於表面。

8 兩端多餘蛋白霜利用抹刀修平。

9 將**7**剩餘蛋白霜放入裝有菊口花嘴的擠花袋，在**8**的兩端擠花。

10 側面底部同樣擠花。

11 上面也與**10**一樣擠花。

12 **11**放入爐溫200℃烤數分鐘著色後放上酒漬櫻桃裝飾，用瓦斯噴槍燒出顏色。

PÂTE À CARAMEL, AMANDES CHOCOLAT

焦糖，杏仁果巧克力

PALET OR, FRAMBOISE
金塊巧克力，覆盆子巧克力

PÂTE À CARAMEL, AMANDES CHOCOLAT
焦糖，杏仁果巧克力

令人回味無窮的焦糖、和飯後咖啡良伴－杏仁巧克力。

Les ingrédients
pour
8 personnes

matériel：
18×18㎝四方空心模（1個）
●焦糖
鮮奶油　250 cc
砂糖　250 g
葡萄糖　75 g
香草條　1/2條

●杏仁巧克力
杏仁果　250 g
砂糖　100 g
水　40 cc
無鹽奶油　10 g
苦甜巧克力　250 g
可可粉　適量

commentaires：
■煮焦糖時最好選用銅鍋或是導熱性佳、底部較厚的鍋子。

●焦糖

1 鍋內放入鮮奶油、香草條煮沸後加入砂糖。

2 **1**加入葡萄糖，千萬要用木杓邊拌邊煮。

3 溫度達110℃將香草條取出，繼續煮至122℃。

4 烤盤鋪上烤盤紙，將模型四周塗沙拉油後放入，再將122℃的焦糖注入模型，利用室溫使其凝固。

5 焦糖凝固後脫模，用刀子切成適度大小，手與刀子需邊抹沙拉油邊切。

●杏仁果巧克力

1 鍋裡放入砂糖及水煮→見 *p94*（118℃）呈小球狀態時加入杏仁果。

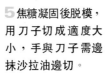

2 熄火將糖漿和杏仁果充分拌勻，由於砂糖結晶表面會變白。

3 等到砂糖結晶，開中火繼續拌炒直到有帕滋帕滋聲音出現，顏色也較為金黃即可。

4 熄火加入奶油拌勻倒置於烤盤上冷卻，如果杏仁果結成一團時利用叉子將杏仁果一顆顆分開。

5 **4**完全冷卻後，利用隔水加熱融化的巧克力先沾少許在手上，再搓揉5-6顆杏仁果。

6 可可粉過篩放入淺盤，將**5**沾了巧克力的杏仁果放入，利用叉子滾轉使均勻沾裹可可粉。

7 將**6**過篩，抖落多餘可可粉。

PALET OR, FRAMBOISE
金塊巧克力，覆盆子巧克力

濃郁香純的巧克力溶入咖啡、覆盆子等不同酸味感覺的結合。

Les ingrédients
pour
8 *personnes*

matériel：
18×18cm四方空心模（1個）
蛋殼形巧克力模（1個）

●金塊巧克力
＜甘那許＞
苦甜巧克力　165g
鮮奶油　100cc
葡萄糖　16g
即溶咖啡粉　6g
無鹽奶油　20g

苦甜巧克力　適量

●覆盆子巧克力
＜甘那許＞
苦甜巧克力　90g
牛奶巧克力　50g
鮮奶油　90cc
葡萄糖　10g
覆盆子果泥　100g
無鹽奶油　5g

苦甜、白巧克力　適量

●金塊巧克力

1 甘那許做法。巧克力隔水加熱融解，另鍋內放入鮮奶油、葡萄糖、即溶咖啡粉煮沸熄火，倒入巧克力中輕輕攪拌成泥狀。

2 待溫度降至體溫，加入奶油混合，注意**1**的溫度如果過高，會使油脂分解。

3 烤盤鋪上烤盤紙放上模型，**2**材料倒入，利用刮刀抹平進冷藏。

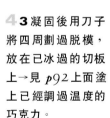

4 **3**凝固後用刀子將四周劃過脫模，放在已冰過的切板上→見 p92 上面塗上已經調過溫度的巧克力。

5 待巧克力凝固後將下面朝上去紙，用溫過的刀子切寬3cm長4cm的長方形。

6 將**5**的巧克力片放入已調溫過的巧克力中，再用專用叉子取出，置於鋪好烤盤紙的烤盤上。

7 趁巧克力未凝固前，將有圖樣的轉印紙貼上或是利用叉子製作圖樣。

●覆盆子巧克力

1 參考「金塊巧克力」**1~2**的做法，再與覆盆子果泥、鮮奶油、葡萄糖一起混合加溫。

2 將已經調溫的苦甜、白巧克力倒入模型，做成巧克力外殼→見 p93。

3 將**1**甘那許放入捲紙中→見 p98，擠到**2**模型8分滿位置，在室溫中放置2~3小時。

4 待**3**的甘那許表面結模，用抹刀抹入白巧克力填滿。

5 待**4**的巧克力表面凝固用三角刮刀修平，連同模型進冷藏數分鐘待巧克力凝固後脫模。

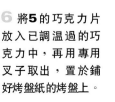

MENDIANT, NOUGAT BLANC
四色糖，白色牛軋糖

CÉRISE LIQUEUR
櫻桃酒糖巧克力

MENDIANT, NOUGAT BLANC
四色糖，白色牛軋糖

四色糖及白色牛軋糖使用了大量的乾果。清脆的咬感在口中留下無限的芳香。

Les ingrédients
pour
8 personnes

matériel：
8×30×7㎝ 半圓槽模（1個）

●四色糖
白巧克力　　100g
黑巧克力　　100g
杏桃乾　5個
糖漬橙皮　　10片
糖漬櫻桃（紅）　5個
葡萄乾　　20粒
杏仁果　　10粒
榛果　10粒
開心果　　20粒

●牛軋糖
A ┌ 蜂蜜（普羅旺斯產）125g
　└ 葡萄糖　20g
B ┌ 砂糖　250g
　└ 葡萄糖　30g
蛋白　55g
砂糖　15g
杏仁果　125g
開心果　30g
糖漬櫻桃（紅）　30g

commentaires：
■如果沒有矽膠墊用不沾的紙也可以，只是比較容易變皺。
■做四色糖時需先做好乾果的準備動作。杏仁果、榛果稍烤過去皮，杏桃乾、糖漬橙皮、糖漬櫻桃切半，開心果烤過色澤會不漂亮所以用生的。

●四色糖

1 烤盤鋪上烤盤紙將已調溫的白巧克力→見 p92 放入捲紙裡→見 p98，擠出10個直徑 約3㎝ 圓形。

2 各類乾果與堅果置於巧克力上。

●白色牛軋糖

1 糖漬櫻桃放入130~140℃烘烤使其乾燥，同樣地將杏仁粒放入烘炒至表面龜裂。

2 蛋白打發。15g的砂糖分2次加入打至發。

3 鍋內放入A材料加熱煮至120℃，慢慢加到**2**中並不停攪拌。

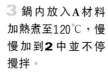

4 材料B放入鍋內加熱煮至160℃，慢慢加到**3**中打發，並繼續不停的攪拌。

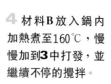

5 **4**打發到表面光滑時，將開心果及杏仁果加入混拌。

6 最後加入櫻桃混合，注意攪拌過度會呈泥狀。

7 半圓槽模內鋪上不沾紙，用刮刀將**6**料放入填滿，因為會慢慢地凝固所以用湯匙塗上沙拉油抹平填料。

8 用刮刀整平放在室溫中24小時使其凝固。

9 脫模將不沾紙取下。

10 刀子抹油後切約1㎝厚度。

38

CÉRISE LIQUEUR
櫻桃酒糖巧克力

風凍溶解後的滑潤配上櫻桃酒的香純，在口中剎那間完全釋放出來。

Les ingrédients

pour

8 personnes

糖漬櫻桃　30顆
風凍　100 g
櫻桃酒　50 cc
黑巧克力　300 g
糖粉　適量

巧克力米　適量

commentaires :

■ 櫻桃泡酒放置兩週後使用。如果馬上搭配風凍吃起來會比較不滑口，若是兩週後再做，風凍會因為櫻桃酒液化在口中感覺較為滑口。

■ 風凍（**fondant**）
糖漿煮到一定溫度會形成乳白色物，在家中做手續繁複，市面上有販賣風凍可用於內餡或是甜點表面淋衣，若是要當淋衣需隔水加熱至柔軟狀，溫度大概與正常體溫同即可，或將糖度30度糖漿加入風凍中藉以調整其軟硬度。

1 風凍置於鍋內用溫火使其變軟。

2 熄火加入櫻桃酒。

3 糖漬櫻桃一個個放入**2**中沾料。

4 放在撒有糖粉的烤盤紙上。
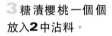

5 將調溫過的巧克力→見 *p92* 倒置在烤盤紙上抹平。

6 **5**的巧克力未完全凝固，用圓形切模切出直徑2 cm圓片。

7 待**6**的巧克力完全凝固後取出。

8 將**5**剩下的巧克力放入捲紙中擠在**7**上面，再擺上**4**糖漬櫻桃。

9 用調溫過的巧克力沾裹**8**料。

10 將**9**置於巧克力米粒上利用室溫使其凝固，如室內溫度太高進冷藏。

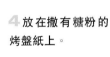
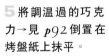

MACARON
杏仁蛋白餅

VISITANDINE

修女小蛋糕

MACARON
杏仁蛋白餅

在法國做得出一手好的蛋白餅才稱得上是頂級的糕點師傅，雖然做法簡單但必需擁有純熟的技術才辦得到。

Les ingrédients
pour
8 personnes

杏仁粉　125g
糖粉　225g
蛋白　150g
砂糖　75g

食用色素（紅）　少許

無鹽奶油　適量
杏仁膏　適量
香草精　少許

覆盆子果醬　適量

commentaires :
■ 蛋白餅如何判斷烤好與否看餅的底部，如果沒有呈濕黏狀即是烤熟（圖**8**）。

1 攪拌盆中放入蛋白，將砂糖分次加入邊混合邊打至發。

2 將**1**各110g分為兩等份，一份放入食用色素混合。

3 杏仁粉及糖粉過篩混合，將**2**的蛋白分次加入拌合。

4 利用刮刀將麵糊由外往內側混合。

5 待麵糊表面有光澤時就可以停止混合。

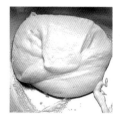

6 將**5**放入裝有5㎜花嘴擠花袋，烤盤上鋪入不沾紙擠出直徑2~3㎝圓球狀。

7 將**6**的烤盤底部再墊一張烤盤，放入190℃烤約5分鐘，直到表面乾後取出墊底盤降溫至170℃繼續烤。

8 烤好置於網架上待冷卻，將底紙部分朝上，用刷子沾水刷至整張紙弄濕。

9 迅速將紙反轉回來，蛋白餅一個個取出。

10 將等量的奶油、杏仁膏、及少量香草精混合置於5㎜的擠花袋中，1/2白色蛋白餅的量擠入內餡再用白色蛋白餅合上。

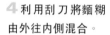

11 覆盆子果醬放入捲袋→見 *p98*，擠在粉紅色蛋白餅裡，再蓋上粉紅色蛋白餅。

VISITANDINE
修女小蛋糕

煮榛果色奶油的這個步驟，決定了甜點美味的口感。

Les ingrédients

pour

8 personnes

matériel：

φ5×1cm小型塔模（18個）

杏仁粉　25g

低筋麵粉　25g

糖粉　75g

無鹽奶油　60g

蛋白　2個

1 榛果色奶油製作。
鍋內放入奶油加溫直到咕滋咕滋的聲音不見，表面泡泡變成白色細末狀有核桃香味時即可。

2 熄火後置於冰塊上冷卻。

3 利用濾紙過濾焦糖奶油。

4 待蛋白攪至慕斯狀時將砂糖分2~3次加入攪拌直到柔軟狀。

5 將**3**的焦糖奶油倒入**4**中攪拌。

6 將過篩的杏仁粉、低筋麵粉加入**5**中拌合，進冷藏1小時靜置。

7 模型抹奶油（份量外）後排好置於烤盤上，將**6**放入已裝好5mm花嘴擠花袋擠於模型內。

8 預先將另一片烤盤放入200℃爐溫加熱備用，將**7**移到備用烤盤中迅速進入烤箱。

9 待麵糊中央脹起呈白色狀，周圍也呈金黃色時即可。

10 迅速脫模取出置於網架上冷卻，如不快速取出可能會有濕氣滯留在蛋糕底部。

TUILE COCO, TUILE AMANDE

椰子瓦片，杏仁瓦片

TUILE COCO, TUILE AMANDE
椰子瓦片，杏仁瓦片

*TUILE*是瓦片的意思。甜點的名稱是來自於外形酷似法國建築物的屋瓦而來。

Les ingrédients
pour
8 personnes

●椰子瓦片（25片）

椰子粉　80g

低筋麵粉　20g

砂糖　100g

無鹽奶油　70g

蛋白　80g

●杏仁瓦片（12~15片）

杏仁片　80g

低筋麵粉　10g

無鹽奶油　10g

砂糖　50g

蛋白　1個

香草精　少許

●椰子瓦片

1 軟化狀態的奶油和砂糖混合攪拌至無顆粒狀。

2 蛋白分次加入**1**充分拌勻。

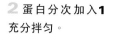

3 低筋麵粉與椰子粉混合過篩，加入**2**混合均勻進冷藏30分鐘。

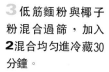

4 將**3**放入裝1cm花嘴擠花袋，烤盤抹奶油後擠出12個4㎝球狀進冷藏30分鐘。

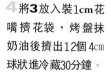

5 利用平底杯沾溫水將**4**的麵糊壓平，或是用叉子沾水壓平也可以。

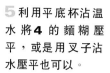

6 放入爐溫200℃烤至中央呈黃白色、周圍呈金黃色取出，一片片放到擀麵棍上做成瓦片型，或是放到半圓槽模也可。

●杏仁瓦片

1 蛋白打成慕斯狀後加入砂糖。

2 低筋麵粉過篩與杏仁片混合後加入**1**中，用木杓輕輕拌勻。

3 最後加入液體奶油混合。

4 烤盤上塗上一層奶油後用湯匙挖滿一匙，取好間隔距離在室溫擺約30分鐘。

5 叉子沾水將**4**壓平4~5㎝的薄片，放入180℃爐溫。

6 待烤至金黃色時一片片取出置於瓦型模中成型，或是放在擀麵棍上也可。

PAILLE, SACRISTAIN, PAPILLON
麥桿派、小千層捲、蝴蝶派

吃一口酥脆的派點，再配上茶飲真是絕配。

Les ingrédients
pour
8 personnes

＜折疊派皮＞
低筋麵粉 250g
高筋麵粉 250g
水 250g
無鹽奶油 50g
鹽 少許
砂糖 少許
無鹽奶油（折疊派皮用） 375g

杏仁角 適量
砂糖 適量

蛋液 適量

commentaires：
■折疊派皮製作→見 p100
以4折、3折後記得靜置再壓成60×
30㎝大小，撒上砂糖再用擀麵棍
擀緊，分成1/4、3/4等分折起，撒
砂糖再對折轉向90度壓成60×20㎝
大小撒上砂糖，用擀麵棍擀緊再折
3折進冷藏1小時後分成3等分。

●麥桿派

1 取出1/3的折疊派皮，擀至30×20㎝後切出3條寬8㎝帶狀。

2 第一層派皮表面塗上薄蛋液，再撒上砂糖。

3 第二層與**2**同，直到第三層蓋上後包保鮮膜進冷藏1小時。

4 在**3**的上下兩面塗上蛋液，再撒上砂糖。

5 將長邊兩側多餘部分切除修至寬6㎝狀再取8㎜寬度切條狀。

6 把切口朝上置於烤盤，爐溫180℃烤至兩面金黃。

●蝴蝶派

1 依據麥桿派1~5的步驟做好派皮，寬5㎜切條後從派皮中間用手指邊轉邊扭。

2 置於烤盤，爐溫180℃烤至兩面金黃。

●小千層捲

1 將派皮壓至50×15㎝大小，折4折後兩端多餘部分切除再切成寬10㎝的帶狀。

2 表面塗上蛋液撒上杏仁角，利用擀麵棍擀後杏仁角會黏的更牢，撒砂糖同樣動作再做一次。

3 將**2**切成2㎝的條狀後拿住兩端扭轉成形。

4 置於烤盤放入冷藏靜置，進180℃爐溫烤至金黃色。

CLAIRE FONTAINE

清泉巴法華滋

ABRICOTIER
杏樹慕斯

CLAIRE FONTAINE
清泉巴法華滋

運用糖煮過柳橙，黃澄澄清澈透明的感覺，所做成的大型甜品。

Les ingrédients
pour
8 personnes

matériel：
φ18×4㎝ 芙濃模（1個）

＜海綿蛋糕＞
全蛋　3個
砂糖　100g
低筋麵粉　100g
無鹽奶油　20g

＜清泉巴法華滋＞
牛奶　180 cc
蛋黃　3 1/2個
砂糖　85g
明膠　8g
香草條　1/3條
康圖酒　5 cc
柳橙汁　66 cc
鮮奶油　180 cc

＜柳橙裝飾＞
柳橙　2個
砂糖　150g
水　300 cc

＜糖漿＞
柳橙煮出的汁
康圖酒　20 cc

杏桃鏡面果膠　適量

finition：
■ 脫模後淋上杏桃鏡面果膠，淋醬表面用抹刀抹平。

commentaires：
■ "ruban"狀表示麵糊的濃度，挖起後落下時呈稠緞樣疊起。（圖**1**）
■ "nappe"狀表示煮好的麵糊，用木杓挖起落下時麵糊呈慢慢落下狀，即是你所需的溫度（大約85℃）。（圖**7**）

1 海綿蛋糕製作。盆中放入蛋、砂糖混合，利用隔水加熱打發待蛋溫同体溫時熄火，再打至如圖示。

2 奶油隔水加熱融解將**1**倒入少許混合。

3 將已過篩的低筋麵粉加入剩下的**1**，用橡皮刮刀輕拌後加入**2**中快速地輕輕拌勻。

4 模型塗油撒粉後將**3**倒入，為了能烘焙均勻中間可以略低，進180℃爐溫烤約25分鐘。

5 鍋內放入砂糖、水煮至沸騰，柳橙切約3㎜厚置於鍋中蓋上紙，用溫火煮到橙皮白色部分呈透明狀取出，置於網上晾乾，煮汁待用。

6 鍋中放入牛奶、香草條、1/3砂糖煮至沸騰，攪拌盆放入蛋黃及剩餘的砂糖混合打至顏色發白。

7 將煮沸牛奶沖入放蛋黃的攪拌盆中拌勻後，倒回鍋中加溫至85℃，再加入果汁用木杓拌至濃稠狀。

8 熄火加入明膠混合，過篩置於冰水上冷卻再加入康圖酒。

9 橙片平鋪於模型，周圍的橙片呈L型平鋪6片，中間1片。

10 將烤好的蛋糕體切除上層，利用16㎝圓形切模切成2張厚1㎝，將煮汁和康圖酒混合後做成糖漿塗於表面。

11 將鮮奶油打至6分發時取出1/3與**8**混合，再將剩餘鮮奶油倒入混合，倒入模型1/3位置用湯匙整平。

12 蛋糕體塗上糖漿後蓋在**11**上，再倒入**11**用湯匙整平，蓋上沾有糖漿的蛋糕進冷藏。冷藏後蓋上台紙倒扣，最後塗上杏桃鏡面果膠裝飾。

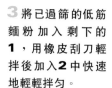

ABRICOTIER
杏樹慕斯

杏桃乾浸煮在香草味的糖漿中，呈現出膨膨柔軟的滑嫩感。

Les ingrédients

pour

8 personnes

matériel：

φ18×4.5㎝ 慕斯模（1個）

＜打卦滋＞

杏仁粉　140 g

糖粉　140 g

低筋麵粉　60 g

蛋白　225 g

砂糖　65 g

＜柳橙慕斯林奶油餡＞

柳橙汁　260 cc

柳橙皮屑　1/2個

砂糖　80 g

蛋黃　4個

玉米粉　30 g

無鹽奶油　195 g

康圖酒　20 cc

＜糖漬杏桃乾＞

杏桃乾　120 g

水　200 cc

砂糖　100 g

香草條　1/4條

commentaires：

■ 山都諾黑專用花嘴垂直擠出即呈
半月狀。（圖**2**）

烤好後觀察底部顏色，平均烤至金
黃色即可。（圖**3**）

1 打卦滋做法。將
砂糖分2~3次加入蛋
白中打發，低筋麵
粉、糖粉、杏仁粉
混合後過篩加入蛋
白中輕拌。

2 利用山都諾黑專
用花嘴將**1**料放入。
不沾紙鋪入，利用18
㎝圓形模沾粉做記
號，從外圍向中心作
風扇狀擠出，中央
擠一個小圓。

3 換上5㎜圓形花嘴
擠出5㎝長條狀及直
徑16㎝的圓形，撒上
2次糖粉以爐溫180℃
烤約10分鐘。

**4 柳橙慕斯林奶油餡
做法**。將果汁、皮和
1/3砂糖放入鍋中煮
沸，蛋黃和2/3砂糖
放入攪拌盆中攪打至
發白後加入玉米粉。

5 果汁煮沸後將攪
拌盆中蛋黃加入拌
勻，再倒回鍋裡以
中火加熱，用攪拌
器拌合至沸騰呈濃
稠狀。

6 熄火加入1/3軟
化奶油混合，移置
冰水上冷卻加入康
圖酒。

7 剩餘2/3奶油分2
次加入**6**中用攪拌
器打至發白。

8 水、杏桃乾、香
草條放入鍋中加熱
至沸騰，加砂糖蓋
上蓋子溫火煮至杏
桃膨脹熄火。

9 將**3**條狀蛋糕去
邊剩4.5㎝寬度，烤
盤鋪上台紙18㎝模
型置於上，條狀蛋
糕貼於模型內側。

10 3圓形蛋糕用16
㎝模型修齊，沾杏
桃糖漿置於**9**內，
將煮好糖漬杏桃乾
鋪於上輕壓。

11 將**7**慕斯林放入
1㎝花嘴的擠花袋，
擠至模型1/2高處表
面整平。

12 再鋪杏桃乾於
上，將**7**慕斯林擠出
後用抹刀抹平蓋上**3**
風扇狀的蛋糕皮，進
冷藏凝固。

FEUILLE D'AUTOMNE
秋葉慕斯

CARACOCO

焦糖椰香慕斯

FEUILLE D'AUTOMNE
秋葉慕斯

利用巧克力做為裝飾材料，色彩與整體感讓人聯想到秋天的枯葉。

Les ingrédients
pour
8 personnes

matériel：
φ18×4.5㎝慕斯模（1個）

＜巧克力分蛋法海綿蛋糕＞
蛋黃　3個
蛋白　3個
砂糖　75g
┌低筋麵粉　35g
A 玉米粉　25g
└可可粉　15g

＜糖漿＞
水　100cc
砂糖　70g
威士忌　30cc

＜栗子慕斯＞
栗子泥　170g
威士忌　15cc
鮮奶油　15cc
明膠粉　3g
鮮奶油　250cc

糖漬栗子切丁　適量
威士忌　適量

黑巧克力　500g
糖粉　適量

commentaires：
■這個蛋糕需要3層巧克力分蛋法海綿蛋糕，夾層慕斯大約5㎜厚左右。

1 巧克力分蛋法海綿蛋糕製作。將砂糖分3次加入蛋白打發，加入蛋黃混合後再加入已過篩的A料輕拌。

2 烤盤鋪上烤盤紙將**1**料裝入5㎜花嘴擠花袋，擠出3片16㎝大小。

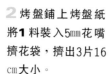

3 撒2次糖粉後進爐溫180℃烤10分鐘烤好待冷卻。

4 栗子慕斯製作。將15g鮮奶油加熱，明膠泡水變軟後加入鮮奶油內溶解。

5 栗子泥與威士忌放入攪拌盆中混合，取出少許量加入**4**中拌合。

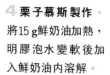

6 將**4**剩餘麵糊與**5**混合。250g鮮奶油打發，先放1/3的量混合均勻、再將2/3部分輕拌混合至無顆粒狀。

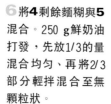

7 將烤好的16㎝分蛋法海綿蛋糕置於網上，表面沾糖漿，烤盤上鋪台紙將18㎝模型置於上，放入1片分蛋法海綿蛋糕。

8 6慕斯放入裝有圓形花嘴擠花袋，擠出2層在分蛋法海綿蛋糕的周圍。再從中間擠出後用湯匙連同周圍擠平。

9 輕輕撒上糖漬栗子、威士忌於**8**上，用湯匙輕壓。第二片分蛋法海綿蛋糕反面塗上糖漿後鋪上用手輕壓。

10 重複**8**和**9**步驟將第三片分蛋法海綿蛋糕體鋪上用手輕壓，上面擠入慕斯用抹刀抹平後進冷藏。

11 將巧克力融解後薄塗於烤盤→見*p93*，待不沾手程度時用三角刮刀做帶狀削切，貼在脫模後慕斯周圍。

12 剩餘巧克力作扇形削切→見*p93*放置於**11**表面，撒糖粉裝飾。

CARACOCO
焦糖椰香慕斯

焦糖與椰子的雙色慕斯，不管大人或小孩都會愛不釋手。

Les ingrédients
pour
8 personnes

materiel：
φ18×4.5㎝ 慕斯模（1個）

＜分蛋法海綿蛋糕＞
蛋黃、蛋白 各3個
砂糖、低筋麵粉 各100g
杏仁果、開心果 （切碎）、
椰子粉 各少許

＜焦糖巴法華滋＞
蛋黃 2個
牛奶 150cc
砂糖 75g
明膠片 6g
鮮奶油 80cc

＜椰子巴法華滋＞
椰奶 120cc
蛋 3個
砂糖 60g
明膠片 7g
鮮奶油 140cc

＜糖漿＞
水 100cc
砂糖 80g
椰子酒 30cc

＜焦糖奶油＞
砂糖 100g
動物性鮮奶油 140cc

杏桃鏡面果膠 適量

commentaires：

■焦糖製作
鍋子加熱後加入砂糖融解周圍會先起小細泡泡，再來就會變大泡泡，同時會起白煙霧狀時即是焦糖已經完成。

■焦糖奶油製作
將100g的砂糖倒入鍋中煮成焦糖，140cc的鮮奶油加熱後倒入，待與焦糖溶解再煮至沸騰，倒入其他器皿待涼。

1 分蛋法海綿蛋糕製作。將砂糖分3次加入蛋白打發，加入蛋黃混合後再加入已過篩的低筋麵粉輕拌。

2 烤盤鋪上烤盤紙將 **1** 料裝入5㎜花嘴擠花袋，擠出16㎝大小漩渦狀圓盤2片，斜擠出5㎝長條狀。

3 撒上糖粉，條狀部分撒上切碎堅果及椰子粉用抹刀輕壓，爐溫190℃烤10~12分鐘至表面與底部略為著色。

4 焦糖巴法華滋製作。在預熱過鍋中加入2/3砂糖煮至焦糖狀，分2次注入溫牛奶待焦糖融化後煮至沸騰。

5 剩餘1/3砂糖與蛋黃用攪拌器混合加入 **4** 拌合後再倒入鍋中加熱，用木杓拌勻加熱至85℃→見 *p50*。

6 明膠泡水變軟後加入 **5** 中混合後過篩，倒入攪拌盆用冰水冷卻濃度轉稠時就可以離開冰水。

7 將條狀分蛋法蛋糕體裁成3.5㎝寬，沾糖漿後置於已用透明塑膠片圍邊貼好模型上，注意不可有縫隙。

8 將1/3量已打6分發鮮奶油加入 **6** 中拌合均勻，剩餘2/3鮮奶油再加入輕拌。

9 椰子巴法華滋製作。→見 *p50* 的 **6**、**7** 做成有椰香口味之後加入 **8** 一樣程序的攪拌法。

10 將圓盤分蛋法蛋糕沾糖漿置於 **7** 底部，再注入 **8** 焦糖巴法華滋。

11 第二片分蛋法海綿蛋糕置於上沾糖漿，注入 **9** 椰子巴法華滋表面用抹刀抹平進冷藏。

12 待 **11** 表面凝固用湯匙將焦糖滴上，再用杏桃鏡面果膠裝飾表面。

CROUSTILLANT AU CHOCOLAT
巧克力脆餅慕斯

GÂTEAU OPÉRA
歌劇院蛋糕

CROUSTILLANT AU CHOCOLAT
巧克力脆餅慕斯

甜點內蘊釀著白蘭地的酒香和巧克力的香濃。

Les ingrédients
pour
8 personnes

matériel：
φ18×4.5㎝ 慕斯模（1個）
φ16×6㎝ 慕斯模（1個）

＜巧克力脆餅製作＞
巧克力（牛奶）　50g
帕林內　100g
玉米片　60g

＜巧克力分蛋法海綿蛋糕＞
蛋黃、蛋白　各2個
砂糖　60g
低筋麵粉　50g
可可粉　10g

＜慕斯＞
鮮奶油　90cc
牛奶　140cc
無鹽奶油　20g
巧克力　250g
鮮奶油　100cc

＜糖漿＞
水　100cc
白蘭地　30cc
砂糖　70g

＜巧克力淋醬＞
苦甜巧克力　125g
鮮奶油　50cc
牛奶　50cc
杏桃果醬　25g
葡萄糖　50g

＜裝飾材料＞
杏仁片　少許
糖度30度糖漿→見 *p71* 少許
咖啡精　適量
液態奶油　適量
白巧克力　少許

finition：
■杏仁片沾咖啡酒糖液後進160℃爐溫烘烤，中間與液態奶油混合後烤至金黃色待冷卻。

1 巧克力脆餅製作。巧克力隔水加熱後與帕林內拌勻加入玉米片，放入16㎝圓模用叉子整平進冷藏1小時待硬。

2 巧克力分蛋法海綿蛋糕製作→見 *p54*。將料放入5㎜花嘴擠花袋，在烤盤擠出直徑18㎝及16㎝圓盤狀，撒上糖粉，爐溫190℃烤10-12分鐘。

3 慕斯製作。將牛奶及90cc鮮奶油煮沸，注入巧克力中拌至無結粒狀。

4 軟化狀奶油分次加入**3**中混合。

5 將100cc鮮奶油打至6分發，取1/3加入**4**混合後再將2/3鮮奶油倒入輕拌。

6 取下已經冷卻的18㎝及16㎝巧克力蛋糕體，烤盤鋪上台紙後18㎝圓模置於上，用**5**的慕斯在模邊擠一圈。

7 18㎝巧克力蛋糕體放入與步驟**6**一樣在周圍擠上**5**的慕斯，再從中心向外擠出。

8 用湯匙整平表面。

9 將**1**放入模型中，上面擠出約1㎝高的慕斯，用湯匙整平。

10 16㎝巧克力蛋糕體沾糖漿置於**9**後輕壓，最後再擠一層慕斯用抹刀抹平進冷藏。

11 在已融化巧克力中加入加熱的鮮奶油、牛奶、杏桃果醬、葡萄糖輕拌後過篩待冷卻。

12 脫模淋上**11**的巧克力醬，用抹刀修平將烤過杏仁片貼於邊緣，再擠上白巧克力線裝飾。

GÂTEAU OPÉRA
歌劇院蛋糕

吸水性良好的久貢的(biscuit joconde)。甜點的美味來自於拍打上大量的咖啡糖漿。

Les ingrédients
pour
8 personnes

＜久貢的(biscuit joconde)＞
杏仁粉　100 g
糖粉　100 g
低筋麵粉　30 g
全蛋　3個
蛋白　100 g
無鹽奶油　20 g
砂糖　20 g

＜甘那許＞
巧克力　75 g
牛奶　35 cc
鮮奶油　35 cc

＜奶油餡＞
蛋黃　3個
砂糖　100 g
水　30 cc
無鹽奶油　160 g
咖啡精　少許

＜糖漿＞
砂糖　60 g
水　200 cc
即溶咖啡　1大匙

＜裝飾材料＞
鏡面巧克力　適量

finition ：
■ 鏡面巧克力→見p21淋在蛋糕體後用抹刀抹平，待巧克力乾後切邊，表面寫上"Opéra"即可。

commentaires ：
■ 糖漿做法
將水、砂糖倒入鍋中加熱煮至沸騰，加入即溶咖啡混合過篩待涼。

1 久貢的製作。將糖粉、杏仁粉、低筋麵粉過篩，加入一半蛋混合再將剩餘蛋分次加入攪拌至麵糊發白。

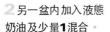

2 另一盆內加入液態奶油及少量**1**混合。

3 砂糖分2~3次加入蛋白打發，取出少許與**1**混合再將剩餘蛋白倒入輕拌，最後將**2**倒入混合。

4 烤盤中鋪入烤盤紙將**3**麵糊慢慢倒入中央，用L型抹刀將麵糊刮至整個盤面，用手指將邊緣修乾淨，爐溫200℃烤約10分鐘。

5 甘那許製作。巧克力隔水加熱融解後將沸騰牛奶慢慢倒入，輕攪拌至無結粒狀。

6 奶油餡製作。將水與砂糖煮至118℃狀態後→見p94慢慢加入蛋黃中攪拌至麵糊發白、冷卻為止。

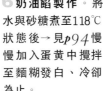

7 軟化的奶油分2次加入**6**中，拌至無結粒狀後加入咖啡精。

8 蛋糕體四周修切後分成4等分，第一片面朝下放在鋪有烤盤紙烤盤上，沾上大量糖漿。

9 將**7**1/3的奶油餡塗上用抹刀抹平，抹刀稍溫一下有利於奶油塗抹。

10 第二片蛋糕面朝下鋪在**9**上，修整多出的奶油。

11 再沾上大量糖漿，塗上**5**的甘那許。將第三片面朝下鋪上，塗上大量糖漿再塗上1/3量的鮮奶油用抹刀抹平。

12 第四片蛋糕面朝下鋪在**11**上，沾上大量糖漿，將剩餘1/3量的奶油餡分2次塗於表面，塗第一次進冷藏後再塗一次。

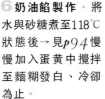

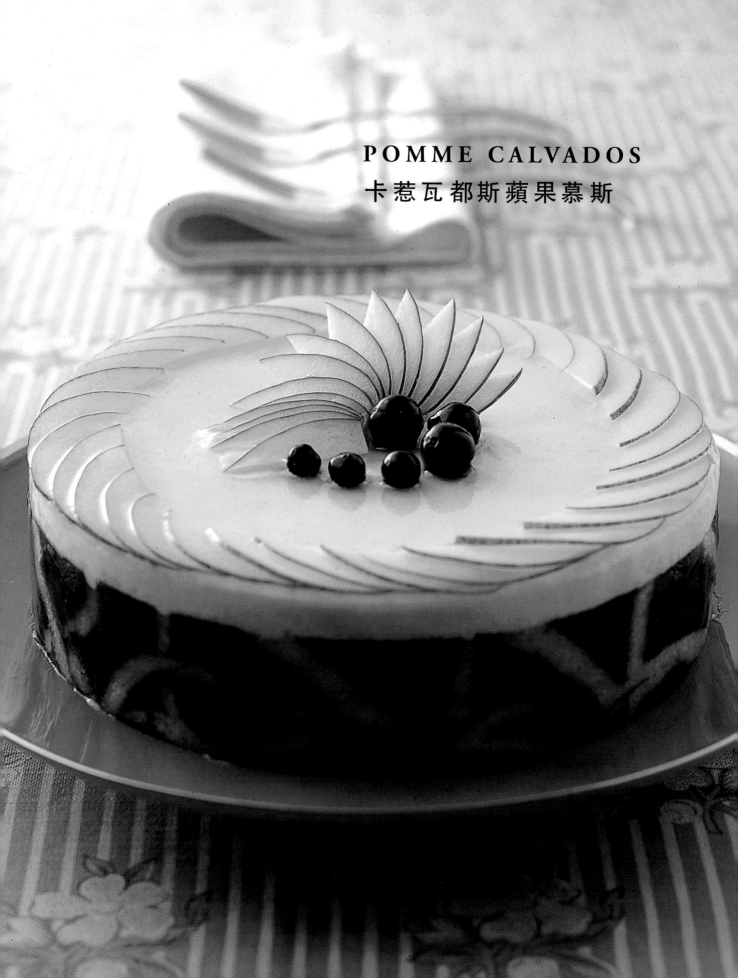

POMME CALVADOS

卡惹瓦都斯蘋果慕斯

VAL DE LOIRE

羅亞爾河谷慕斯

POMME CALVADOS
卡惹瓦都斯蘋果慕斯

義大利蛋白霜搭配上青蘋果慕斯呈現出清爽的口感。青蘋果再加上黑茶藨子稱得上是絕佳組合。

Les ingrédients
pour
8 personnes

materiel：
φ18×4.5cm慕斯模（1個）

＜青蘋果慕斯＞
青蘋果泥　250g
明膠片　10g
蘋果酒（calvados）　25cc

＜義大利蛋白霜＞
┌ 蛋白　30g
│ 砂糖　60g
└ 水　20cc
鮮奶油　170cc

＜久貢的(biscuit joconde)＞
杏仁粉　90g
糖粉　90g
低筋麵粉25g
全蛋　3個
蛋白　3個
砂糖、無鹽奶油　各15g

＜糖漿＞
砂糖　80g
水　100cc
蘋果酒　20cc

＜夾層＞
紅色果醬　50g
黑茶藨子　60g

＜捲煙麵糊(Pâte cigarette)＞
無鹽奶油、糖粉　各20g
蛋白　20g
低筋麵粉　18g
可可粉　4g

＜裝飾材料＞
蘋果　1個
黑茶藨子　少許
杏桃鏡面果膠　少許

finition：
■不脫模直接淋上杏桃鏡面果膠用抹刀整平後擺上水果再刷上杏桃鏡面果膠。

1 捲煙麵糊製作。軟化奶油中加入糖粉混合。

2 慢慢加入蛋白拌勻，再加入已過篩低筋麵粉及可可粉攪拌至無結粒狀。

3 矽膠墊一邊塗上寬約10cm的**2**料，表面用湯匙刮出花樣進冷藏凝固。

4 久貢的製作→見*p59*。做好後覆蓋在**3**上，用抹刀抹平並用手指將四周修乾淨，爐溫180℃烤約10-15分鐘。

5 青蘋果慕斯製作。1/3蘋果泥倒入鍋中加溫，放入泡水後的明膠，再將剩餘蘋果泥加入拌勻倒入攪拌盆，用冰水降溫後加入蘋果酒。

6 義大利蛋白霜製作→見*p95*。將打發鮮奶油分2次加入最後再與**5**混合。

7 **4**料冷卻後取下，切成2條寬3.5cm的長條狀，放入18cm已貼有塑膠片圍邊的圓型模內。

8 剩餘的蛋糕體切割成2片直徑17cm的圓形，將一片蛋糕面朝下放入**7**的模型內。

9 底部及邊緣沾上蘋果糖漿。

10 將**6**料放入裝有1cm花嘴擠花袋，從中間開始擠至1/2模型高。

11 糖漬黑茶藨子鋪於**10**上再擠上一層慕斯用湯匙整平，再放入第二片蛋糕面朝下塗上糖漿。

12 最後再將剩餘慕斯擠上，用抹刀修平進冷藏凝固。

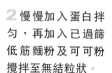

VAL DE LOIRE
羅亞爾河谷慕斯

大量使用羅亞爾省產的覆盆子，外表看起來就很可愛的大型甜品。

Les ingrédients
pour
8 personnes

materiel：
φ18×4.5㎝ 慕斯模（1個）

＜打卦滋＞
杏仁粉　60g
糖粉　60g
低筋麵粉　15g
蛋白　100g
砂糖　30g

＜糖漿＞
覆盆子果泥　100g
覆盆子白蘭地　40cc
糖度30度糖漿→見 *p71*　40cc

＜覆盆子慕斯＞
覆盆子果泥　200g
砂糖　60g
明膠片　12g
鮮奶油　300cc
檸檬汁　1/4個

＜鮮奶油香醍＞→見 *p26*
鮮奶油　300cc
糖粉　30g

＜夾層＞
覆盆子　60g

＜裝飾材料＞
覆盆子　少許
薄荷葉　少許
鏡面果膠　少許

commentaires：
■鏡面果膠glaçage
利用膠質多的水果如杏桃和糖煮成
果醬狀後加入水和葡萄糖形成柔軟
狀液態，蛋糕水果表面塗上鏡面果
膠後感覺更鮮明。

1 打卦滋→見 *p51* 做好後放入1㎝花嘴擠花袋，烤盤鋪入烤盤紙擠出2片16㎝圓盤狀撒上糖粉（份量外）放進爐溫180℃烘焙。

2 在另一個烤盤擦上沙拉油後鋪上保鮮膜，倒入鮮奶油香醍抹平後用梳型板劃出模樣。

3 同樣在塑膠片圍邊塗上鮮奶油香醍依照**2**劃出模樣後貼於18㎝圓模內側。

4 模型放在**2**上，放進冷凍。

5 慕斯製作。將1/3覆盆子果泥放入鍋中加入砂糖加熱熄火，放入已泡軟的明膠拌勻，再將剩餘2/3覆盆子果泥加入混合後移至攪拌盆。

6 **5**加入檸檬汁隔冰水冷卻直到濃稠狀，加入1/3六分發鮮奶油混合，再將剩餘鮮奶油加入輕拌。

7 打卦滋修齊成直徑16㎝的圓盤狀，上下面各沾覆盆子糖漿。

8 慕斯擠至模型1/3高度，為了不使脫模後周圍有空洞出現，需逐一將空洞填滿。

9 第一片打卦滋面朝上鋪於**8**，沾上糖漿再擠入慕斯。先將周圍擠滿後沿中心向外擠出。

10 依照**8**用湯匙整平後放入一圈覆盆子。

11 第二片打卦滋面朝下鋪於**10**，蓋上台紙板後進冷凍。

12 待慕斯凝固後倒過來撕除保鮮膜，塗上果膠擺上覆盆子及薄荷葉裝飾。

SYMPHONIE
交響樂慕斯

CHARLOTTE AUX FRAISES

草莓夏荷露特

SYMPHONIE
交響樂慕斯

經典的甜品。在法國各糕點店鋪都可以看得到。

Les ingrédients
pour
8 personnes

materiel：
18×18㎝ 四方空心模（1個）

<久貢的>
杏仁粉　100g
糖粉　100g
低筋麵粉　30g
全蛋　3個
蛋白　100g
無鹽奶油　20g
砂糖　20g

<巧克力慕斯>
苦甜巧克力　120g
苦巧克力　30g
牛奶　80cc
鮮奶油　360cc

<白色慕斯>
炸彈麵糊　150g
明膠片　9g
鮮奶油　220cc

<炸彈麵糊(Pâte à bombe)>
砂糖　100g
水　30cc
蛋黃　6個

<裝飾材料>
炸彈麵糊　100g
砂糖　30g
糖粉　30g
鏡面果膠　適量→見p63

1 久貢的製作→見 *p59*。待冷卻後用四方模切出2片18×18㎝四方型。

2 巧克力慕斯製作。在已融解的苦甜巧克力及苦巧克力中加入已沸騰的牛奶拌合待冷卻。

3 將六分發鮮奶油少量加入**2**後再將剩餘部分加入輕拌。

4 白色慕斯製作。將泡水的明膠隔水加熱溶解，鮮奶油打發後加入少許混合。

5 見*p59*做法**6**奶油餡做法過程來製作炸彈麵糊，取出150g加入**4**中混合(剩餘的料用於裝飾)。

6 將已打發鮮奶油分次加入**5**中拌勻。

7 烤盤中鋪入台紙後放上四方模，鋪入第一片蛋糕體，將**3**料放入1㎝花嘴擠花袋，擠至1/2模型高處。

8 用刮板整平，進冷藏10~15分鐘。

9 **8**凝固後與**7**一樣，將**6**白色慕斯擠入用抹刀將表面整平。

10 再將第二片蛋糕體面朝下鋪上後把剩餘**5**料倒入抹平。

11 表面撒上砂糖用瓦斯噴槍燒過，再次撒上糖粉，再燒一次。

12 在**11**中塗上果膠用抹刀抹平脫模，將四邊修平露出漂亮的斷層。

CHARLOTTE AUX FRAISES
草莓夏荷露特

開心果口味的蛋糕體，再配上爽口的草莓慕斯。

Les ingrédients
pour
8 *personnes*

matériel：
φ16×6㎝慕斯模（1個）

＜久貢的＞
杏仁粉　100g
糖粉　100g
低筋麵粉　30g
全蛋　3個
蛋白　100g
無鹽奶油　20g
砂糖　20g
開心果膏　適量
草莓果醬　250g

＜分蛋法海綿蛋糕＞
蛋黃　2個
蛋白　2個
砂糖　50g
低筋麵粉　50g
杏仁粉　20g

＜糖漿＞
糖度30度糖漿　20cc
草莓酒　20cc

＜草莓慕斯＞
草莓果泥　140g
明膠片　9g
砂糖　30g
鮮奶油　200cc
檸檬汁　少許

＜義大利蛋白霜＞
蛋白　20g
砂糖　40g
水　25cc

＜裝飾材料＞
草莓　250g
紅莓果膠　適量

1 久貢的製作→見 *p59*。開心果泥需在蛋與粉類混合後加入，爐溫180℃烤好後移至網架上冷卻。

2 分蛋法海綿蛋糕製作→見 *p55*。（杏仁粉與低筋麵粉需過篩）放入5㎜花嘴擠花袋，擠出2片16㎝圓盤狀撒上糖粉（份量外）進烤箱。

3 將**1**切成6條寬8㎝長條狀，烤盤鋪入烤盤紙後第一片面朝下塗上草莓果醬同樣動作將其餘5片層層蓋上，最後用網架壓緊冷藏2小時。

4 草莓慕斯製作。將1/3量草莓泥與砂糖置於鍋中加熱熄火，後加入泡軟的明膠片後剩餘2/3草莓泥和檸檬汁加入用冰水冷卻。

5 義大利蛋白霜製作→見 *p95*。先加入少許6分發鮮奶油再將剩餘打發鮮奶油料加入輕拌。

6 **4**成濃稠狀時先加入少許**5**料拌勻，再將剩餘**5**料加入輕拌。

7 切刀沾濕將**3**兩側切齊，再切出寬8㎜片狀。

8 烤盤鋪入台紙，放上16×6㎝模型將**7**擠貼於周圍處。

9 將**8**上部多餘的部分修平。

10 將**2**修邊、沾糖漿後面朝下放入**9**中，將草莓慕斯擠至1/2模型高。

11 第二片修邊後面朝上，放在**10**上沾糖漿。

12 距離模高處1㎝擠入慕斯，用湯匙整平進冷藏，草莓洗淨擦乾去蒂切半排放在表面，再刷上紅莓果膠。

FRAISIER

草莓奶油蛋糕

PRINTANIER

春 之 慕 斯

FRAISIER
草莓奶油蛋糕

為了在視覺上的美觀，可以的話請儘量將切開的草莓剖面呈現在外側。

Les ingrédients
pour
8 personnes

matériel：
18×18cm 四方空心模（1台）

＜全蛋法海綿蛋糕＞
全蛋　4個
砂糖　120g
低筋麵粉　120g
無鹽奶油　20g

＜糖漿＞
砂糖　100g
水　140cc
櫻桃酒　30cc
覆盆子白蘭地　30cc

＜奶油餡＞
牛奶　80cc
砂糖　85g
蛋黃　2個
無鹽奶油　250g
香草條　1/4條

＜義大利蛋白霜＞
砂糖　100g
蛋白　50g
水　30cc

＜夾層＞
草莓（大顆）　適量

＜裝飾材料＞
瑪斯棒(Massepain)　適量
可可膏　適量

c o m m e n t a i r e s：
■為了能使草莓站穩將蒂的部分切平。

1 全蛋法海綿蛋糕製作→見 *p50*。烤盤鋪入烤盤紙後模型置於上，將麵糊倒入，爐溫180℃烤好移置網架上待冷卻。

2 **1**的蛋糕脫模撕下紙後切成2片1cm厚，蛋糕置於台紙上將第一片沾上糖漿後置於模內。

3 奶油餡→見 *p59*、義大利蛋白霜→見 *p95* 做好混合。

4 將**3**放入1cm花嘴擠花袋，先將四邊填滿再將裡面擠滿。

5 用刮板整平。

6 草莓洗淨擦乾去蒂，鋪排在**5**中。

7 將**4**的料擠入空隙間。

8 用刮板整平。

9 第二片蛋糕面朝下鋪在**8**上，輕壓平後沾糖漿進冷藏。

10 在**9**的表面塗上奶油餡抹平。

11 桌上撒糖粉將瑪斯棒擀開，用有溝狀滾棒壓出模樣切成18cm正方形備用，用刷子輕刷去多餘砂糖，用噴槍燒後置於**10**上。

12 切刀溫過後將**10**的四周修齊。捲紙→見 *p98* 放入可可膏在**11**表面寫上"Fraisier"文字裝飾。

PRINTANIER
春之慕斯

乳酪裡加入一小撮鹽，更能引領出乳酪的鮮美滋味。

Les ingrédients
pour
8 personnes

matériel：
φ18×4.5cm 慕斯模（1個）

＜全蛋法海綿蛋糕＞
全蛋　　3個
砂糖　　100g
低筋麵粉　　100g
無鹽奶油　　20g

＜糖漿＞
糖度30度糖漿　　100cc
櫻桃酒　　50cc

＜乳酪慕斯＞
白乳酪　　220g
鹽　　少許
明膠片　　9g
鮮奶油　　250cc

＜炸彈麵糊(Pâte à bombe)＞
水　　20cc
砂糖　　70g
蛋黃　　2個

＜鮮奶油香醍＞→見 p26
鮮奶油　　400cc
糖粉　　40g

＜裝飾材料＞
時令水果　　適量
苦甜巧克力　　適量

commentaires：
■糖度30度糖漿製作
砂糖130g加水100cc混合煮沸待冷卻。

1 全蛋法海綿蛋糕製作→見 p50。烤盤鋪入烤盤紙將18×4.5cm模型置於上，倒入麵糊以180℃烘烤待蛋糕體冷卻後周圍硬的部分切除。

2 表面切除後切成2片1cm厚。

3 **乳酪慕斯製作**。鹽放入白乳酪內拌至柔軟狀。

4 將泡軟的明膠隔水加熱融解，先加入少量的**3**混合，再將剩餘部分全部倒入拌勻。

5 歌劇院蛋糕→見 p59做法**6**奶油餡來製作炸彈麵糊，將打發鮮奶油加入少量炸彈麵糊混合後再將剩餘部分倒入輕拌。

6 將**5**一點點加入**4**中混合。

7 模型置於台紙上第一片沾上糖漿後鋪於底，將**6**料先填滿周圍空隙，再將剩餘**6**料擠於中間。

8 用湯匙由裡朝外整平。

9 將第二面朝下鋪於**8**上，沾糖漿進冷藏待凝固。

10 脫模後用鮮奶油香醍抹平。

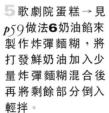

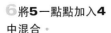

11 鮮奶油香醍放入裝有山都諾黑專用花嘴的擠花袋，在周圍擠花樣。

12 側面用三角齒板劃出模樣，將巧克力放入捲紙擠花袋→見 p98，放上切好水果，擠上巧克力線條裝飾。

BÛCHE DE NOËL AU CAFE
咖啡聖誕柴蛋糕

在全家團聚的聖誕夜裡，昔日為了取暖，所以大家忙著儲備柴薪。甜點就是發想自用來取暖的乾材。

*Les ingrédients
pour
8 personnes*

＜咖啡分蛋法海綿蛋糕＞
全蛋　3個
蛋黃　3個
砂糖　150 g
蛋白　3個
低筋麵粉　75 g
玉米粉　75 g
即溶咖啡粉　1小匙

＜咖啡奶油餡＞
牛奶　100 cc
砂糖　80 g
蛋黃　4個
無鹽奶油　325 g
香草條　1/4條
咖啡精　適量

＜義大利蛋白霜＞
蛋白　70 g
砂糖　140 g
水　50 cc

＜糖漿＞
砂糖　60 g
水　200 cc
即溶咖啡粉　1大匙
白蘭地　50 cc

＜裝飾材料＞
聖誕樹巧克力　適量
蘑菇蛋白霜　適量
糖粉　少許
可可粉　少許

將巧克力塗在烤盤紙上，用三角鋸齒板劃出聖誕樹樣。（圖**12**）

1 **咖啡分蛋法海綿蛋糕製作**。全蛋、蛋黃及砂糖拌至濃稠，先放入一部份已打發的蛋白混合，再將剩餘蛋白加入輕拌。

2 低筋麵粉、玉米粉、即溶咖啡粉混合過篩加入**1**中拌勻，在烤盤內鋪上烤盤紙再倒入麵糊用抹刀整平，爐溫180℃烤約15分鐘。

3 **奶油餡製作**。蛋黃與2/3量砂糖混合與牛奶煮沸（加入1/3量砂糖和香草條）混合，移置鍋內溫火加熱，用攪拌器不停的攪拌。

4 轉為濃稠狀後過篩待涼再將軟化奶油一點一點加入混合至無結粒狀。

5 義大利蛋白霜製作→見 *p95*與**4**料混合後分為兩份各為1/4、3/4量，在3/4量內加入咖啡精混合。

6 **2**的蛋糕體面朝下鋪在烤盤紙上，蛋糕兩邊切平沾糖漿並將一半**5**的咖啡奶油餡抹面上。

7 從一端切下寬1㎝的條狀置於蛋糕上。

8 連同紙將蛋糕捲起捲緊，進冷藏1小時待硬。

9 斜切**8**兩端，將切下來一端的蛋糕捲放上後整體抹上咖啡奶油餡。

10 蛋糕所有斷面部分（年輪）用咖啡奶油餡及香草奶油餡交錯擠出輪狀。

11 剩餘咖啡奶油餡放入平口花嘴擠花袋內，擠於蛋糕上用叉子沾水，刮出樹皮紋進冷藏待硬。

12 切刀溫過後將**11**斷面部份修平整，用巧克力做出聖誕樹樣，用蛋白霜擠出蘑菇→見 *p95*，撒上糖粉、巧克力粉裝飾。

TARTE CHIBOUST
希布斯特塔

TARTE CHOCOLAT
巧克力塔

TARTE CHIBOUST
希布斯特塔

在19世紀巴黎「山都諾黑」街道上有家希布斯特糕點鋪。主廚利用滑口細緻的特製希布斯特奶油餡配上塔皮。

Les ingrédients
pour
8 personnes

matériel：
φ20×2cm 菊型塔模（1個）
φ20×4.5cm 慕斯模（1個）

＜基本酥麵糰＞
低筋麵粉　200g
無鹽奶油　150g
水　40cc
鹽　少許
砂糖　少許

＜內餡＞
牛奶　90cc
鮮奶油　90cc
砂糖　50g
全蛋　1個
蛋黃　2個
香草糖　少許

＜希布斯特奶油餡＞
＜糕點奶油餡＞
牛奶　125cc
砂糖　30g
蛋黃　3個
低筋麵粉　15g
明膠片　6g
香草條　1條

＜義大利蛋白霜＞
蛋白　3個
砂糖　100g
水　30cc

蘋果　2個
砂糖　2大匙
無鹽奶油　1大匙
蘋果酒　少許

＜裝飾材料＞
砂糖

1 基本酥麵糰製作→見 p97。並依照 p81 做法**1~4**將麵皮做好，進冷藏靜置15分鐘，再參考 p77 做法**2**將麵皮烤好。

2 希布斯特奶油餡製作→先製作糕點奶油餡→見 p105。將奶油做好熄火，將泡軟的明膠片放入混合，再移至攪拌盆中冷卻。

3 義大利蛋白霜→見 p95。加入**2**料混合輕拌，即完成希布斯特奶油餡。

4 烤盤鋪上保鮮膜將20cm圓模置於上，擠花袋無需花嘴將**3**料填入模中，表面用刮板整平進冷藏待硬。

5 蘋果去皮去籽切成8塊，在平底鍋中先將奶油融化後再將砂糖撒入煮至焦糖狀，倒入蘋果拌炒。

6 **5**鍋中需不斷翻炒，不可煮到焦，炒至蘋果心快軟化後加入蘋果酒並點火燒去酒精，熄火後倒入平盤中待涼。

7 內餡製作。全蛋、蛋黃、香草糖、砂糖放入攪拌盆中混合，再加入牛奶、鮮奶油混合後過篩。

8 **1** 經過烘焙後的麵皮撒上少量低筋麵粉，將叉洞補滿。

9 將**6**炒好的蘋果排好倒入炒汁及內餡。

10 放入爐溫170℃中烤至表面凝固為止。

11 烤好後待稍涼脫模至完全冷卻，在網架上放一平盤並將塔放入，將**4**脫模置於塔上。

12 依序將砂糖、糖粉撒於**11**上，用火燒至表面成焦糖狀，同樣的步驟多做幾次。

TARTE CHOCOLAT
巧克力塔

麵糰加入可可粉桿好。此種甜品全部由巧克力製成。

Les ingrédients
pour
8 personnes

materiel：
ф20×2cm 菊型塔模（1個）

＜甜酥麵糰＞
低筋麵粉　90g
可可粉　5g
無鹽奶油　50g
糖粉　50g
全蛋　1/2個
香草糖　少許
鹽　少許

＜內餡＞
鮮奶油　175cc
黑巧克力　150g
無鹽奶油　40g
香草條　1/2條
全蛋　1個
蛋黃　45g

＜鏡面巧克力＞
鏡面巧克力　150g→見 *p21*
黑巧克力　40g
牛奶　50cc
鮮奶油　50cc
水　25cc
砂糖　75g
葡萄糖　25g

＜裝飾材料＞
巧克力　100g
金箔　少許
糖粉　少許

1 甜酥麵糰製作→見 *p98* **1~4**步驟，製作完成後將麵糰進冷藏約15分，因麵糰質地容易變軟所以定型時動作要快。

2 將烤盤紙鋪於 **1** 在其上壓入重石，放入爐溫180℃烤15分鐘直到塔邊變金黃色後將重石取出再放入爐中烤。

3 **內餡製作**。巧克力隔水加熱融解後加入軟化奶油混合。

4 香草條與鮮奶油加熱後注入 **3** 混合。

5 全蛋與蛋黃混合後加入少許 **4** 混合均勻。

6 將 **5** 倒入剩餘的 **4** 料混合。

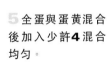

7 將 **2** 烤好的麵皮中撒少許低筋麵粉，用刷子刷平填滿底洞，將 **6** 的內餡注入進爐溫170℃。

8 將 **7** 烤至內餡表面凝固，用竹籤叉入中間呈液態狀即可，置於網架上待涼。

9 **鏡面巧克力製作**。鍋中放入牛奶、水、砂糖、葡萄糖、鮮奶油開火加溫。

10 再將隔水加熱融解的巧克力倒入開溫火，用木杓不停攪拌，最後過篩待冷卻。

11 待 **8** 表面完全冷卻後，倒入 **10** 料後進冷藏，待 **10** 料稍變硬脫模取出。

12 將巧克力捲成香煙狀→見 *p93*。撒上糖粉、金箔作裝飾。

TARTE AUX FRAISES
草莓塔

TARTE AU CITRON

檸檬塔

TARTE AUX FRAISES
草莓塔

是種有春天味道的甜點，草莓盛產的季節裡請多加利用。

Les ingrédients
pour
8 personnes

matériel：
φ18×2cm 菊型塔模（1個）

＜甜酥麵糰＞
低筋麵粉　150g
無鹽奶油　75g
糖粉　75g
蛋黃　1個
水　1大匙
鹽　適量
香草糖（香草精）　少許

＜杏仁奶油餡＞
杏仁粉　50g
糖粉　50g
全蛋　1個
無鹽奶油　50g
低筋麵粉　10g

＜糖漿＞
糖度30度糖漿→見 p71　30cc
櫻桃酒　30cc
水　10cc

＜裝飾材料＞
小草莓　500g
草莓果醬　適量
糖粉　適量

1 甜酥麵糰製作→見 p98。工作台上撒上手粉，用擀麵棍擀至3mm厚。

2 塔模置於 **1** 的甜酥麵糰上，切掉多餘部分。

3 塔模抹上奶油後將甜酥麵糰鋪於上。

4 甜酥麵糰需與底部、邊緣貼住並加以整形。

5 用擀麵棍在模邊輕滾，切掉多餘部分。

6 利用大姆指與食指將甜酥麵糰完全推入模邊。

7 利用叉子將底部均勻戳洞後進冷藏約15分鐘。

8 杏仁奶油餡製作→見 p104。放入1cm花嘴擠花袋擠到 **7**，表面整平後進爐溫180℃。

9 杏仁奶油餡烤至與塔皮顏色同即可脫模，置於網架上待涼。

10 糖漿配料混合好備用，待涼後將塔沾上大量的糖漿。

11 等糖漿都滲透到塔裡，用刷子刷上一層薄薄的草莓果醬。

12 草莓洗淨擦乾去蒂，由外到內排在 **11** 上。草莓表面塗上草莓果醬後再將糖粉撒於邊緣即可。

TARTE AU CITRON
檸檬塔

酸酸的檸檬泥搭配上甜甜的蛋白霜呈現出「調和之美」。

Les ingrédients
pour
8 personnes

matériel：
φ20×2cm 空心塔模（1個）

<基本酥麵糰>
低筋麵粉　200 g
無鹽奶油　100 g
全蛋　1個
砂糖　20 g
鹽　少許
水　2大匙

<內餡>
全蛋　4個
砂糖　150 g
無鹽奶油　80 g
檸檬汁　100 cc
檸檬皮屑　1個

<義大利蛋白霜>
蛋白　3個
砂糖　160 g
水　50 cc

<糖漬檸檬>
檸檬　1個
水　150 cc
砂糖　50 g

1 基本酥麵糰製作→見 *p97*。工作台上撒上手粉，將基本酥麵糰擀至 3mm 置於圓模上。

2 利用手指將基本酥麵糰貼於環模。

3 圓邊的皮保持1cm厚用擀麵棍輕滾切掉多餘麵皮。

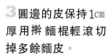

4 利用大姆指將圓邊延著模型推高，若是麵皮變軟就先進冷藏約15分鐘。

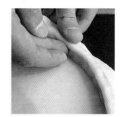

5 用塔皮剪延著邊緣做造型後鋪上烤盤紙，再撒上重石爐溫180℃烤約20分鐘。

6 烤好後取出烤盤紙及重石，在表面塗上蛋黃液（份量外）再進爐烤約5分鐘，烤好後置於網架上待涼。

7 內餡製作。砂糖和蛋打散混合。檸檬汁、奶油、檸檬皮放入鍋中煮沸後，加入上面的蛋液。

8 7料過篩再倒回鍋中加熱，不停地攪拌變濃稠後再移至平盤中，邊倒邊過篩蓋上保鮮膜待涼。

9 糖漬檸檬製作。刮皮器劃出溝狀後切薄片與水倒入鍋中，蓋上烤盤紙用小火煮至沸騰，加砂糖煮至白色部分透明後撈起待乾。

10 將8裝入1cm花嘴擠花袋擠到塔中3/4高處，用抹刀整平。

11 義大利蛋白霜製作→見 *p95*。裝入菊口花嘴的擠花袋擠漩渦狀在10上。

12 將9的檸檬片放在11上輕壓，用瓦斯噴槍將蛋白霜燒出顏色。

CHAUSSON NAPOLITAIN

那不勒斯修頌

JALOUSIES
百葉窗派

CHAUSSON NAPOLITAIN
那不勒斯修頌

酥脆的派皮中包裹著香濃的餡，吃的時候要小心避免熱餡燙口。

Les ingrédients
pour
8 personnes

＜反位折疊派皮＞
低筋麵粉　　150 g
高筋麵粉　　150 g
鹽　5 g
水　　180 cc
無鹽奶油　　30 g
糖粉　　10 g

無鹽奶油　　300 g
高筋麵粉　　100 g

＜糕點奶油餡＞
牛奶　　250 cc
香草條　　1/4條
蛋黃　　3個
砂糖　　70 g
玉米粉　　25 g
蘭姆酒漬葡萄乾　　70 g

無鹽奶油（軟化）　　30 g
砂糖　　適量
蛋液　　適量

commentaires：
■ 那不勒斯修頌→ 見 *p102*，此種派點最後的四折不要直接捲起，因為如（圖**6**）的捲起動作替代了四折。

1 糕點奶油餡製作。1/2砂糖、蛋黃、玉米粉拌勻備用。牛奶、1/2砂糖、香草條放入鍋中煮至沸騰，分2次加入蛋黃糊。

2 邊過篩邊放入鍋中加溫，攪拌器需不時的攪拌，中火拌至濃稠狀。

3 倒入淺盤中蓋上保鮮膜，並緊貼待完全涼後放入盆中，加入酒漬葡萄乾混合。

4 反位折疊派皮製作→ 見 *p102*做法 **1~21**。待靜置後將派皮擀 至50×30cm，切除兩端修邊。

5 **4** 的派皮放到撒有手粉的烤盤上，表面塗上奶油（較30cm寬那一邊2cm處無需塗）進冷藏。

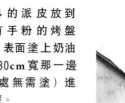

6 待奶油冰到不沾手的硬度時，由前往後捲上進冷藏稍凍硬。

7 切除兩端 後再間隔2.5cm切下。

8 將切下的派皮末端拉至中心，用手指壓入放至烤盤上，入冷藏靜置15分鐘。

9 工作台上撒手粉，將 **8** 派皮一個個壓成長約12cm的橢圓形狀，排在撒有砂糖的工作台上。

10 蛋液塗於派邊緣處，在中央擠上糕點奶油餡。

11 再將派皮折起周圍處需接合好。

12 表面撒上砂糖爐溫200℃，烤至表面及派層呈金黃色即可。

JALOUSIES
百葉窗派

"*Jalousie*" 的法文是百葉窗的意思,名稱的起源是由於在法國家家戶戶都有遮陽的百葉窗,派點的外狀有類似蛇腹。

Les ingrédients
pour
8 personnes

＜反位折疊派皮＞
低筋麵粉　75g
高筋麵粉　75g
鹽　3g
水　90cc
無鹽奶油　15g
糖粉　10g

無鹽奶油　150g
高筋麵粉　50g

蘋果　5個
砂糖　80g
無鹽奶油　80g
檸檬汁　1/2個

鏡面果膠　適量
粗粒砂糖　適量
蛋液　1個

1 蘋果去皮去核切半後再切成寬約2cm的塊狀。

2 平底鍋放入奶油融化後加入砂糖煮至焦糖狀,加入**1**的蘋果,以大火炒。

3 著色後加入檸檬汁,水分太少易煮焦,可加入少許水煮至水分收乾軟硬適中,即可放到淺盤中待涼。

4 反位折疊派皮製作→見 *p102*。工作台撒上手粉(份量外)將派皮擀成50×20cm。

5 派皮折四折後切成寬10cm及9cm2塊。

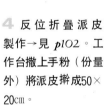

6 寬9cm派皮打開放在烤盤上,四周塗上蛋液將**3**料置於中央處。

7 寬10cm派皮撒上手粉(份量外)對折,每隔寬1cm切下一刀,長約3cm。

8 打開**7**鋪在**6**上。

9 四周皆要縫合,多餘部分切除。

10 派皮兩側用小刀背壓出花樣,同時也將上下兩片派皮黏住(**chiqueter**)。

11 整體塗上蛋液進爐溫180℃烘烤,烤至表面與底部呈金黃色。

12 表面塗上果膠,撒上粗糖即可。

BANDE AUX FRUITS
鮮果派

GALETTE DES ROIS

國王餅

BANDE AUX FRUITS
鮮果派

派皮上排列著各種新鮮水果，在客人眾多的時候是一種非常方便的甜點。

*Les ingrédients
pour
8 personnes*

＜反位折疊派皮＞
低筋麵粉　75g
高筋麵粉　75g
鹽　3g
水　90cc
無鹽奶油　15g
糖粉　10g
（夾層奶油）
無鹽奶油　150g
高筋麵粉　50g

蛋液　適量

＜杏仁奶油餡＞
杏仁粉　75g
糖粉　75g
無鹽奶油　75g
全蛋　1 1/2個
香草糖（香草精）　少許
蘭姆酒　少許

＜糕點奶油餡＞
牛奶　250cc
香草條　1/4條
蛋黃　3個
玉米粉　25g
砂糖　70g

＜裝飾材料＞
時令水果（草莓、藍莓、
奇異果、覆盆子、楊桃、
芒果、百香果）

1 反位折疊派皮製作→見 *p102*。工作台撒上手粉（份量外）將派皮擀至50×20cm。

2 派皮折四折切下寬11cm及2cm各2條。

3 寬11cm派皮鋪在烤盤上，兩側處塗上蛋液。

4 寬2cm派條各放在兩側塗蛋液處。

5 用小刀背壓出花樣時，順道再將兩層壓合（**chiqueter**→見 *p85* 做法**10**）。

6 將超出烤盤的派皮切除。

7 用叉子在派皮上均勻戳洞。

8 在**5**的2cm寬派條上塗上蛋液。

9 杏仁奶油餡製作→見 *p104*。放入扁平花嘴擠花袋中擠於**8**上，爐溫180℃。

10 烤至金黃色。→見 *p105* 糕點奶油餡製作。放入扁平花嘴擠花袋中擠於派台上，再將切塊的什錦水果置於上。

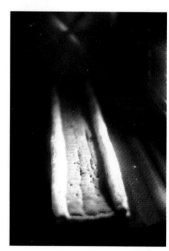

GALETTE DES ROIS
國王餅

每年新春，基督教在1月6日祭典上都會用到的甜點。在甜點中埋入陶製的小物品，誰吃到就要戴上皇冠接受別人的祝福。

Les ingrédients
pour
8 personnes

＜折疊派皮＞
低筋麵粉　150g
高筋麵粉　150g
水　150cc
無鹽奶油　30g
鹽　6g

無鹽奶油　210g

＜杏仁奶油餡＞
無鹽奶油　60g
糖粉　60g
杏仁粉　60g
全蛋　1個
蘭姆酒　10cc
香草糖（香草精）　少許
低筋麵粉　10g

＜糕點奶油餡＞
牛奶　170cc
蛋黃　2個
低筋麵粉　10g　使用其中50g
玉米粉　6g
砂糖　40g

蛋液　1個

commentaires :
■ 蠶豆 fève
以前是放入蠶豆，現在用各種小陶製品放在裡面。

1 折疊派皮製作→見 *p100*。經過四折、三折、四折靜置後將派皮對切，再擀至20×20cm正方形。

2 四個角朝中心折。

3 將**2**的四個角朝中心再折。

4 縮口朝下滾圓輕壓後包上保鮮膜（另一半也是同樣步驟）進冷藏靜置1小時。

5 工作台撒上手粉（份量外）將派糰擀開成橢圓形再改90度方向擀。經過多次擀至30cm圓形（另外一個派糰也以同樣步驟製作）。

6 將**5**鋪在烤盤上邊緣3cm處塗蛋液。

7 杏仁奶油餡製作→見 *p104*。與糕點奶油餡→見 *p105* 混合後用5mm花嘴在**6**中由內往外擠出。

8 用抹刀將陶製品埋入進冷藏。

9 另一片蓋於**8**上後利用刮刀將圍邊整理好，用小刀背壓花樣，同時也將上下兩派皮壓合。

10 壓合→見 *p85* 後整體塗上蛋液進冷藏15分鐘。

11 **10** 重新再塗上蛋液，用小刀在表面劃出花樣。

12 再用竹籤在表面戳數個小洞，爐溫200℃烤約5分鐘再降溫至180℃烤約40分鐘，直到表面及底部呈金黃色。

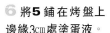

法國藍帶唯一不變的傳統，就是對各類素材的使用方法以及基礎的知識技巧，特別是若要做出好吃的糕點，基本技巧更是不能忘記，材料加入的時間、麵糊的狀態，能把握住素材特質來進行糕點製作才是最重要的。例如：打蛋白時若是太早放入砂糖，氣泡就不能夠成形，太晚放下去，氣泡又不夠細緻綿密。派皮製作在折壓時，如果奶油太軟，油脂就會完全被麵糰吸收，壓折不出漂亮的層次，還有切記壓折後一定要靜置，如果不靜置，麵糰易縮、斷裂。派皮可依自己的喜好，隨

法 國 糕 點 的 基 本 技 巧

意折成自己所需的大小、厚狀，還能夠加入餡料，做出麵糰一定要經過冷藏、靜置注意溫度上的變化，溫度過高較不滑口。反之，溫度過低，

薄，也可利用模型切割出各種形各式各樣甜品。派皮要做到酥脆，等步驟。巧克力在做調溫時必需要，巧克力就會煮焦，吃的時候變得巧克力繼續在結晶狀態時就根

本無法作業。從時間、麵糰的狀態、質材特性以上三個角度，再加上對每種糕點應該注意的事項、技巧加以理解著手。初學者在操作時需注意配方及秤量、形狀、大小、種類、各類道具的使用，而糕點在製作時選擇好的質材及適當的模具，也是做出好甜點的成功祕訣，請務必參考建議。

CHOCOLAT
巧克力

巧克力調溫法

巧克力在糕點材料中屬於既特別又單純的素材。若是將當成淋衣或是倒入模型內時用的巧克力，只是隨意經過融解就拿來使用，不但外表會不美觀，就連口感也不是十分滑潤，因而成為劣質的巧克力，所以說巧克力必需經過「溫度調整」。

「溫度調整」首先必需融解巧克力，將粒子打散後使溫度降至巧克力脂最初結晶的溫度，這時巧克力內所有粒子都將轉為漂亮的結晶狀態，但是此時狀態不需加以理會，它仍會持續的結晶，巧克力狀態會變成泥漿狀，這時是不能進行片巧克力的調溫，需將溫度調高後才能做此動作，這就是所謂溫度調整。溫度的調整需視巧克力而定，多多少少都會有點不同，可參考下列圖表。

大理石調溫法（以黑巧克力做示範）
TABLAGE

1 巧克力切碎放入攪拌盆內隔熱水溶化。

2 融解後巧克力溫度不可過高。

3 巧克力倒在大理石台上。

4 利用刮板將巧克力片推開弄薄。

5 持刮板不停拌合直到冷卻，此時用指尖觸摸看看，感覺有少許冰涼即可。

6 巧克力成膏狀時盡快將全部巧克力放入盆中混合。

7 巧克力塗抹少許在烤盤紙或是大理石台或是淺盆中待4~5分鐘，巧克力能凝固成漂亮的結晶狀。

8 此時再次隔水加熱4~5秒熄火拌匀與**7**一樣試驗待4-5分鐘，巧克力如果凝固表示調溫完成。

巧克力的調整溫度

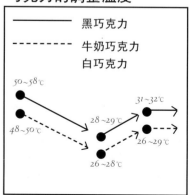

黑巧克力 ———
牛奶巧克力 - - - -
白巧克力

50~58℃
48~50℃
28~29℃
26~28℃
31~32℃
26~29℃

熱鐵板
PLAQUE CHAUDE

捲煙
CIGARETTE

扇形
EVENTAIL

1 烤盤底部擦乾淨進烤箱，熱盤至50℃左右（大約是手拿時可忍受的溫度）放入已融解巧克力約100cc。

2 使用L型抹刀將巧克力抹開至均一厚度。

3 用手指將四周整理乾淨馬上入冷藏，讓巧克力變硬。

commentaires：
■做捲煙狀時需在作業前10分鐘將**3**置於溫室。

4 三角刮板成45度從巧克力一端以滑動狀，即可捲起大捲煙狀。

5 與捲煙同成45度將食指底在三角刮板另一角以滑動狀前行，待形成皺折時推擠成扇形狀，刮板成30度時成大皺折，60度時成小皺折。

冰鐵板
PLAQUE FROIDE

commentaires：
■ 熱鐵板、冰鐵板像這種不需調溫，利用巧克力急速冷卻凝固原理，雖然在造型製作上可以自由發揮，但在長時間室溫中卻難以保持其狀態。

1 首先將烤盤放入冷藏庫待冷凍後將巧克力淋於上。

2 用抹刀抹開。

3 待巧克力凝固後用刀切下所需大小。

4 刮板從巧克力下面，成滑動狀取下巧克力。

巧克力殼做法→見 *p35*「金塊巧克力，覆盆子巧克力」中使用
COQUE EN CHOCOLAT

1 巧克力模型內部用乾布擦乾淨，將已調溫過的苦甜巧克力倒入捲紙→見 *p98* 擠入模型。

2 模型內擦上一層薄薄已調溫過的白巧克力，模型面上沾到巧克力的部分用三角刮板刮乾淨。

3 倒入與**2**同色已調溫的白巧克力後將多餘部分用抹刀抹淨。

4 整個模型倒過來，邊用木杓敲打模邊將多餘巧克力敲落，模邊處巧克力用抹刀整淨後置於網架上。

5 待巧克力凝固後用三角刮板刮下表面多餘巧克力。

SUCRE
砂糖

煮糖法

砂糖與水加熱後即成糖漿，在糖漿內加入酒可讓酒香滲入材料中，是做甜點不可欠缺的角色。糖水加熱後在煮的過程中會出現狀態上的變化，根據溫度的不同，可做出不同的東西來，這裡針對糖漿的做法及溫度變化所形成的狀態來做詳細介紹。

糖漿製作方法

1 砂糖與水放入鍋中加熱至沸騰，中途將浮出的細泡撈起。

2 刷子沾乾淨的水刷淨鍋緣，沾有糖水處待砂糖完全溶解後再多煮1分鐘即可。

糖漿經煮後的溫度變化

測量糖漿溫度的方法有二種，一是使用溫度計（200℃溫度計）一是在無溫度計時取些經煮過的糖漿，放入冰水中待凝固後以其硬度測得溫度。

測試方法

小球狀 PETIT BOULÉ	大球狀 GROS BOULÉ	碎片狀 GRAND CASSÉ	焦糖狀 CARAMEL

118℃ 利用指尖搓成球狀，輕壓後易扁，適合做義大利蛋白霜及蛋黃加糖漿打發時。

125℃ 比小球稍硬的球體，輕壓後如同橡皮般有彈性，適合用在裝飾稍硬的義大利蛋白霜。

145℃ 凝固後輕壓隨即破碎，吃時不易黏牙的狀態，適合用在泡芙表面沾糖漿時或是糖飾。

160℃ 與碎片狀相同待硬後易碎呈金黃色狀，適合用於焦糖奶油及淋醬。

MERINGUE
蛋白霜種類及製作

蛋白霜可分為將蛋白加入砂糖後打發的「法式蛋白霜」、加入煮過糖漿再打發的「義大利蛋白霜」、隔水加熱打發的「瑞士蛋白霜」3種。前者加在烤分蛋法海綿蛋糕體時，後二者因為在打發過程中有加熱可用於製造保存期限較長的奶油或慕斯類中，或用於蛋白霜糕點中做成造型，在這裡將介紹較常使用的法式及義大利蛋白霜。

法式蛋白霜
MERINGUE FRANÇAISE

1 蛋白放入盆中用攪拌器打至粗泡的慕斯狀。

2 將蛋白稍挑起前端成鳥嘴狀時表面已含入空氣打發。

3 此時加入約1大匙砂糖與**2**同樣含入空氣繼續打發。

4 待砂糖粒溶解後再將剩餘砂糖加入1/3量繼續打發。

5 與**4**一樣再加入1/3砂糖繼續打，最後再倒入剩餘砂糖。

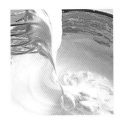

6 打至呈細綿狀表面有光澤蛋白霜可直立為止。

蘑菇製作方法→見 *p72* 「咖啡聖誕柴蛋糕 常用於法國聖誕節蛋糕上」

1 6料中加入糖粉混合，蛋白、砂糖、糖粉比例為1：1：1。

2 將**1**裝入5㎜花嘴擠花袋中擠出2㎝球狀再拉成1.5㎝的圓錐狀。

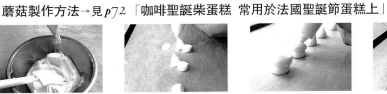

3 **2**的上面再擠出圓球狀即為所謂的蘑菇。

4 撒上可可粉進爐溫80℃烤約1小時後待乾。

義大利蛋白霜
MERINGUE ITALIENNE

1 砂糖與水放入鍋中加熱，煮至呈小球狀→見 *p94*。

2 蛋白放入盆中先打發至呈粗泡慕斯狀，稍挑起蛋白使前端成鳥嘴狀時。

3 加入1小撮砂糖混合後將剩餘的砂糖分2~3次邊加入邊打發。

4 將**1**慢慢加入**3**中繼續打發。

5 待糖漿完全加入，再慢慢混拌至冷卻後表面成光澤狀即可。

NOUGATINE
奴軋汀

p12「泡芙宴會應用 I」 *p13*「泡芙宴會應用 II」中使用

Les ingrédients

砂糖　1 kg
葡萄糖　400 g
杏仁角　500 g
檸檬汁　2~3滴

commentaires：

■ 牛軋糖製作時需準備好切刀、小刀、剪刀、擀麵棍、抹刀、三角刮板、槌肉器等必需的道具。首先塗上薄油備用，使用的道具也同樣塗料後備用。在煮鍋方面類似如銅鍋這種導熱性佳，且鍋底厚用起來比較好操作。

1 杏仁角撒在烤盤上，爐溫170℃先行乾燥。

2 葡萄糖與檸檬汁放入鍋中加熱煮沸後砂糖分5~6次加入煮溶。

3 待砂糖完全溶解並起泡後再加入砂糖。

4 砂糖溶解後再煮至沸騰熄火。

5 將**1**乾燥過的杏仁角加入**4**中用木杓拌勻。

6 待拌勻後平攤在有邊的烤盤中，用木杓邊拌邊將杏仁角平均攤在烤盤上。

7 6的奴軋汀約1/4量取出置於大理石台上，利用抹刀快速翻拌至所需硬度。

8 用擀麵棍將**7**均勻擀開。

9 擀開後的**8**放入淺盤內側部分貼於模邊後底部用切過口的檸檬壓平。

10 切除多餘部分切面處需整平，連同模型待冷卻。

11 再取出1/4牛軋糖於大理石台上，**7~8**同樣步驟裁成長條狀寬度6㎝與模高同。

12 圍在模內黏好。

13 取一個拳頭大的牛軋糖，**7~8**同樣步驟壓裁成18㎝、16㎝、15㎝圓盤狀各1片。

14 再取一個拳頭大的奴軋汀，**7~8**同樣步驟壓裁成6~7㎝8片、7~8㎝1片的圓片。

15 與**14**同樣的步驟壓成長條狀，趁熱用刀子切成等腰三角形18片。

上弦月製作方法→見p12「泡芙宴會應用 I」

1 利用5~6㎝切模，切下**8**的奴軋汀8片。

2 切下的奴軋汀隨即置於半圓槽模內，用手壓至變成有弧度。

PÂTE
麵糰

PÂTE BRISÉE

基本酥麵糰

低筋麵粉、奶油、砂糖拌合，加入蛋、水充分拌合，但不要使黏性產生。基本酥麵糰經常被運用在製作各種塔類，比較不甜的塔皮非常適合用在甜度較高的蘋果泥，使兩者間達到平衡。至於杏桃、蜜棗等水果直接鋪在塔皮內，再撒上大量的砂糖進爐烤也很理想。

Les ingrédients

低筋麵粉　200 g
無鹽奶油　100 g
全蛋　1個
水　1大匙
鹽　1 g
砂糖　5 g
香草糖（香草精）　適量
檸檬汁　少許

1 低筋麵粉、鹽、砂糖、香草糖一起過篩。

2 冷藏的奶油取出，切成約1cm丁狀。

3 2加入1中用塑膠刮板邊切邊混合，直到呈散砂狀。

4 在3中央處作粉牆（泉狀），加入打散後蛋液、水、檸檬汁。

5 從中心往周圍用手拌合，視麵糊和水的拌合狀態，若有需要再增加或減少水量。

6 輕拌後用手腕處快速往前推搓，切記不可搓太久太用力以免麵糰出筋。

7 麵糰做好後壓平用保鮮膜包好，置於冷藏最少靜置1小時。

commentaires：
■ 最理想狀態是麵糰在冷藏中靜置一晚，使用前6小時麵糰成型後再靜置。

甜酥麵糰

奶油、糖粉、蛋黃拌至無結粒狀後加入低筋麵粉拌合，將材料拌成麵糰、靜置再桿成型。此種麵糰適合搭配杏仁奶油餡一起烘烤，像是檸檬塔就可以用這種麵糰，或是先將塔皮烤過待涼後擠入奶油放上各類水果，製作小點心的時候也能派上用場。

Les ingrédients

低筋麵粉　300 g
無鹽奶油　150 g
糖粉　150 g
蛋黃　3個
水　2大匙
鹽　少許
香草糖（香草精）　少許

1 奶油用擀麵棍打軟，再放置於室溫一會兒後用手拌成泥。

2 糖粉、鹽、香草糖一起過篩，加入**1**中充分拌勻。

3 蛋黃1個1個加入，拌至無結粒光滑狀。

4 加水（先倒入1大匙水拌至光滑狀再將剩餘的水加入）。

5 低筋麵粉過篩加入輕拌，不可搓揉出筋，最後整形成糰。

6 撒上手粉（份量外）壓平包上保鮮膜，進冷藏最少靜置1小時。

commentaires :
■ 最理想狀態是麵糰在冷藏中靜置一晚，使用前6小時麵糰成型後再靜置。

捲紙擠花袋製作方法

1 烤盤紙剪成直角三角形。

2 呈60度角向內捲。

3 一直捲到30度角的位置。

4 捲到30度角的位置後。

5 將高出的紙端向內折後擠花紙就完成了。

泡芙

依據泡芙擠出的形狀不同，各有不同的名稱，比如
說：閃電泡芙、天鵝泡芙、薩隆堡等等，而大形的
山都諾黑、巴黎-沛斯特泡芙也很有名。還有和瑞士
格律耶爾 (Gruyere) 起司混合烘焙的乳酪泡芙及馬鈴
薯泥混合油炸的馬鈴薯泡芙等。

Les ingrédients

水　　250 cc
無鹽奶油　　100 g
鹽　　3 g
砂糖　　6 g
低筋麵粉　　150 g
全蛋　　4個

1 水、切細的奶油、鹽、砂糖倒入鍋中，開小火加熱。

2 待奶油完全融化至鍋邊起泡（水分蒸發很快所以不要沸騰）後離火。

3 低筋麵粉過篩全部倒入，用木杓快速攪拌，再次加熱，使多餘水分蒸發掉。

4 將麵糊炒成團狀，此時鍋底會結成一層膜，當麵糊不沾鍋時表示完成。

5 離火倒入攪拌盆中稍微降溫。

6 全蛋打散，少量慢慢加入**5**中混合（邊轉動盆邊拌合）蛋液約分4-5次加入。

7 用木杓挑起麵糊，當麵糊可以慢慢掉下來的軟硬度即可，蛋液是用來調整軟硬度，不一定要完全加入。

8 完成後的麵糊表面有光澤，用手指劃過後會慢慢復合的狀態，若麵糊質地太硬烘烤時會有裂痕。

6 將巧克力放入**5**中央。

7 最上端的紙往下折入。

8 用剪刀剪出需要的大小。

9 用左手固定，先試擠一些看看擠出的狀態。

折疊派皮

是一種多層次的麵皮,夾入奶油進行多次擀 開折疊步驟
而成,烘焙後會有鬆酥的獨特口感。多用在皇冠杏仁
派、棕櫚葉派、千層派等,依照麵皮的折疊次數烘焙後
所得到的層次高度也不同。所以需根據用途來調節,此
外也可以當作塔皮來使用。

Les ingrédients

低筋麵粉　200 g
高筋麵粉　200 g
水　200 cc
融化奶油　40 g
鹽　8 g
檸檬汁　少許
無鹽奶油　240 g

1 低筋麵粉、高筋麵粉一起過篩,倒入盆內後加入鹽。

2 中間做出粉牆加入已融化奶油、檸檬汁、水(調節麵糰柔軟度用,所以預留一些)。

3 從中心往外全部輕輕拌合(不要攪拌過度)。

4 依麵糰狀態,如有需要再加入少許水。

5 在攪拌盆內搓成麵糰。

6 麵糰用刀劃切入深十字。

7 包上保鮮膜進冷藏靜置40分鐘。最佳理想狀況是靜置4小時。

8 奶油用擀麵棍敲打成厚7-8㎜四方形後放入冷藏。

9 將**7**撒上手粉(份量外)取出,麵糰分四等分向外推出。

10 用擀麵棍從中心往四方擀開(四片麵皮厚度均一、中心微高像小山丘狀)。

11 麵皮中心放入**8**的奶油,將四片麵皮均向內折入,四個角落要確實封好。

12 工作台撒上手粉(份量外),用擀麵棍輕敲成同一厚度。

13 要不斷確認底部的麵皮不會沾黏在工作台上。

14 麵皮折四折，在四等分處用擀麵棍壓入記號，再將麵皮上下往中心折入。

15 微微擀開中心並壓平，再對折（成為四折）包上保鮮膜，進冷藏靜置15分鐘。

16 工作台面撒上手粉，在**15**完成後將派皮轉90度方向，用擀麵棍輕敲擀開。

17 再將**16**的派皮分成3等分，用擀麵棍做記號，刷去多餘手粉。

18 上下折入，使派皮成3等分。

19 擀麵棍輕敲，包上保鮮膜進冷藏15分鐘。

20 工作台面撒上手粉，將**19**派皮轉90度方向擀開。

21 與**14**相同派皮分成4等分，用擀麵棍做記號，刷去多餘手粉，上下往中心折入。

22 與**15**相同派皮折好後包上保鮮膜進冷藏15分鐘。

23 依**16~18**步驟再做一次壓折就會形成漂亮層次，包上保鮮膜進冷藏1小時。

commentaires：
■ 依照所做甜點的形狀不同，派皮也會有不同的做法，包上保鮮膜進冷藏可保存3~4天，冷凍庫可保存3~4個月。

反位折疊派皮

派皮p100是將奶油包入麵糰中，但是這種派皮是將麵糰包入奶油中，由於外層是奶油經過烘焙後不但酥脆，在口感上更多了一份酥酥的感覺，整形擀平時需用冰放入淺盆中置於工作台上，使台面始終保持冰涼狀態。

Les ingrédients

低筋麵粉　150 g
高筋麵粉　150 g
糖粉　10 g
鹽　5 g
水　180 cc
軟化奶油　30 g
＜夾層奶油＞
無鹽奶油　300 g
高筋麵粉　100 g

1 低筋麵粉、高筋麵粉混合過篩，置於台上用刮板挖出凹槽。

2 加入糖粉、鹽、水少許用手混合。

3 慢慢加入周圍麵粉混合。

4 3 拌到一半加入已軟化奶油混合。

5 再拌入周圍粉料待成漿狀，將剩餘的水慢慢加入。

6 水完全加入後利用刮板邊混合邊使麵糰成形。

7 再利用刮板邊做切狀混合。

8 這個動作做4-5次。

9 混合至無結粒狀將麵糰整好壓平，包上保鮮膜進冷藏靜置1小時。

1 0 夾層奶油製作。軟化奶油撒上已過篩高筋麵粉。

11 奶油與高筋麵粉拌勻。

12 與**9**一樣整形完後包上保鮮膜進冷藏待硬。

13 待**12**的奶油層變硬後撒上手粉擀出比**9**還多出1/3長的長度。

14 將**9**置於**13**之上。

15 將多餘1/3奶油層回折至麵皮上，再將另一端折回1/3的**13**上。

16 折好後麵糰轉90度，用擀麵棍輕敲擀開。

17 麵糰分成1/4和3/4等分折好。

18 將**17**折好後再對折，包上保鮮膜進冷藏最少靜置15分鐘。

19 將**18**置於工作台後再90度轉向，擀至均等厚度後用擀麵棍在麵糰上輕敲。

20 再將麵皮擀開。

21 麵皮分成三等分往中央折入，包上保鮮膜進冷藏靜置15分鐘。

22 工作台撒上手粉，放入**21**的麵皮擀開。

23 依**17~18**步驟，折四折後疊好。

24 包上保鮮膜進冷藏靜置。

CRÈME
鮮奶油、奶油餡

杏仁奶油餡

通常與塔皮一起烘烤，較具代表性的有皇冠派。或者是當做麵包內餡一起烘焙，用途相當廣泛。在配方上奶油、杏仁粉、糖粉等都是同樣的份量，非常容易記。

Les ingrédients

無鹽奶油　50g
杏仁粉　50g
糖粉　50g
全蛋　1個
鹽　少許
蘭姆酒　5cc
香草精　少許
杏仁香精　少許
（可依個人喜好）

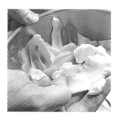

1 奶油攪拌成泥狀。

2 糖粉過篩與鹽一起加入充分拌合。

3 全蛋打散分次加入拌合。

4 杏仁粉過篩，分次加入拌合。

5 香草精、杏仁香精、蘭姆酒加入拌合。

6 利用攪拌器充分攪拌至光滑無結粒狀，蓋上保鮮膜進冷藏，可保存1星期。

製作奶油或是水果糖漿時不可缺少的香料—香草條。為了要引出香草的香味，需先剖半將黑色的種子取出後與花莢一起放入料理中。使用過的香草花莢洗淨曬乾後與砂糖一起放入果汁機中打碎，就能做成香草糖拿來使用。

香草條用法

1 香草條用刀背壓平。

2 目視中心處剖開。

3 用刀刃將黑色的種子取出。

CRÈME PÂTISSIÈRE

糕點奶油餡

在蛋糕店裡所使用的鮮奶油，是指泡芙內的糕點奶油餡，也是慕斯類甜點與製作大型糕點時不可缺少的。也可以與杏仁奶油餡、慕斯林奶油餡等混合使用。

Les ingrédients

牛奶　250 cc
砂糖　60 g
蛋黃　3個
低筋麵粉　15 g
玉米粉　10 g
香草條　1/2條

1 鍋中放入牛奶與香草條→見 *p104* 用小火煮，偶爾攪拌一下。

2 攪拌盆內放入蛋黃與砂糖，充分攪拌至淡黃色。

3 低筋麵粉、玉米粉過篩加入 **2** 中，拌合均勻無粉氣。

4 1 的牛奶沸騰後取出香草條，倒入 1/2量和 **3** 拌合，再將剩餘的牛奶全部倒入拌合，最後倒回原來鍋中。

5 再加熱，邊加熱邊用攪拌器拌合至濃稠狀。

6 直到鍋內沸騰為止離火，倒入四方盆內攤開冷卻。

7 表面貼上保鮮膜（糕點奶油餡和保鮮膜若有空隙，會使水氣滴落至糕點奶油餡表面）放置室溫下冷卻。加熱沸騰後儘可能快速冷卻，攪拌盆隔冰水也能夠快速冷卻，放入冷藏，可保存2天。

MATÉRIEL
器具

1.

Bassine【攪拌盆】
用於材料混合時，可依照用途來選擇尺寸大小。

2.

Vol-au-vent【圓切模】
製作圓型麵皮時作為壓切之用途，從11~26㎝的尺寸都有。

3.

Passoire【網篩】
用於麵糊過篩或是粉類過篩。

4.

Fouet【攪拌器】
用於材料攪拌、鮮奶油打發。

5.

Emporte-pièce cannelé
【菊形切模】
有溝紋切模可直接在麵皮上壓取適當大小，直徑從2~10㎝尺寸均有。

6.

Emporte-pièce uni【圓形切模】
在麵皮上壓取適當大小，直徑從2~10㎝的尺寸均有。

7.

Brosse【刷子】
刷去麵皮表面多餘的手粉。

8.

Grille plate【網架】
待烘焙好的糕點冷卻用。

9.

Rouleau à pâtisserie【擀麵棍】
用於麵皮伸展及成形，擀麵棍需要有一定程度的長度和厚度，比較容易操作。

10.

Grille【烘焙網架】
用於底部不可直接接觸烤箱的麵糰。

11.

Plaque à four【烤盤】

12.

Gouttière【半圓槽模】
用於製作慕斯或是蛋糕烘烤時，p31「挪威蛋捲冰淇淋」及「四色糖、白色牛軋糖」p38時使用。

13.

Moule a cake【長型模】
烤長條型蛋糕使用的烤模，使用於p22「檸檬卡特卡」。

14.

Gouttiere à tuile【瓦狀模】
「椰子瓦片，杏仁瓦片」→見p46可烘培出瓦狀或半月形糕點。

15.

Cadre à entremets
【四方空心模】
用於烘焙及慕斯組合，「交響樂慕斯」→見p66及「草莓奶油蛋糕」→見p70。

16.

Cercle à tarte【空心塔模】
烘烤塔皮時使用的空心圓模，「布列塔尼地方餅乾」→見p16烤塔皮時使用。

17.

Cercle à entrements【慕斯模】
烘焙後蛋糕體與慕斯組合時，「卡惹瓦都斯蘋果慕斯」→見p62「羅亞爾河谷慕斯」p63「草莓夏荷露特」p67。

18.

Moule à marquise【女侯爵模】
女侯爵像專用模型→見p30。

19.

Moule à manque【芙濃模】
烘焙蛋糕用，「傳統巧克力蛋糕」→見p17、「核桃蛋糕」→見p21、「清泉巴法華滋」→見p50。

20.

Moule à chocolat【巧克力模】
融化巧克力倒入模型中，就可以做出各式各樣形狀→見p35。

21.

Rouleau cannelé【溝狀擀麵棍】
表面有溝道狀，用於瑪斯棒表面裝飾用「草莓奶油蛋糕」→見p70。

22.

Moule à tartelette【小塔模】
烘焙小蛋糕或烤塔皮時使用，「修女小蛋糕」→見p43。

23.

Petit cercle【小空心塔模】
「布列塔尼地方餅乾」→見p16製作1人份慕斯或蛋糕時用。

24.

Peigne【三角齒板】
烘焙前或是表面裝飾時使用「春之慕斯」→見p71。

25.

Fourchette à chocolat
【巧克力專用叉】
「金塊巧克力，覆盆子巧克力」→見p35作巧克力外衣時使用。

26.

Triangle【三角刮刀】
巧克力調溫或修整成型時使用。

27.

Rouleau pique-vite【打孔器】
在麵糰打孔洞時使用。

28.

Moule à tarte【菊型塔模】
烤塔皮時使用尺寸有15~24㎝，「希布斯特塔」→見p76、「巧克力塔」→見p77、「草莓塔」→見p80等均可。

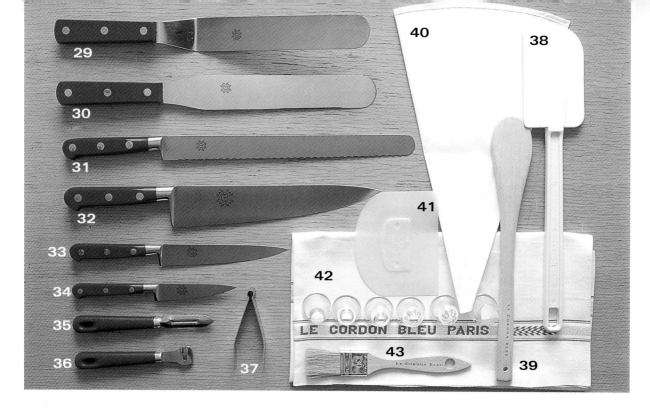

29.

Palette coudee【L形抹刀】

用於四方形糕點抹面時使用。

30.

Palette à entremets【抹刀】

用於平常圓形糕點抹平用，刀薄、彈性佳。

31.

Couteau-scie【鋸齒刀】

刀鋒呈鋸齒狀，切割較柔軟的海棉蛋糕等就較不會產生蛋糕屑。

32.

Couteau eminceur【調理刀】

用於糕點及做菜時，刀刃較長。

33.

Couteau de filet de sole
【片魚刀】

魚肉切片處理專用刀。刀刃彈性佳，也適合用來切水果，特別是切果肉柔軟的水果也非常方便。

34.

Couteau d'office【小刀】

切割水果用，由於刀鋒短，故適用於較精細的切割雕花作業。

35.

Econome【削皮器】

削水果皮用。

36.

Canneleur【刨絲器】

需要取下檸檬或柳橙表皮，使表面有溝紋當裝飾時使用。

37.

Pince à tarte【塔皮剪】

塔邊或派邊周圍製作花樣時使用。

38.

Raclette en caoutchouc
【橡皮刮刀】

材料拌合或將攪拌盆內剩餘材料取出完全刮乾淨時使用，在法文裡稱為Maryse。

39.

Spatule en bois【木杓】

在攪拌盆或鍋中將材料混合攪拌時用，由於它容易滲入材料氣味，使用時盡量避免一直放在材料中。

40.

Poche à douille【擠花袋】

將麵糰或鮮奶油裝入袋中，擠入烤模或裝飾蛋糕。

41.

Corne【刮板】

派皮、塔皮製作時，刮取沾黏在工作台上及攪拌盆內材料。

42.

Douille【花嘴】

放入擠花袋前口處，有各式各樣模樣的花嘴和擠花袋一起使用。有圓口、菊口等種類及各種尺寸大小。

43.

Pinceau【小毛刷】

用來拍打糖漿、塗抹果膠在蛋糕上使用。

Pique en bois【竹籤】

用於刺探麵糰烤熟與否。

Four【烤箱】

做西點不可欠缺的器具，可分為家庭或商業用兩種，依照功能的不同種類分成好幾種。除了電氣及瓦斯烤箱外，若要再細分又可分為旋風型、上下火型，每種烤箱都各有特色及其不同的功能，所以在家使用時必需確實做好基本溫度設定及時間控制，並充分掌握烤箱的特性。

INGREDIENTS
材料

想要製作出美味的糕點，沒有什麼比選擇品質良好的材料更重要。每一種材料各有其不同的特質，要盡可能掌握材料特性，應用在不同的糕點裡，並且保持新鮮度才能呈現出最佳狀態。

Farine【麵粉】
麵粉可以分為好幾種，低筋麵粉筋度較低，最適合做糕點。在口感上較為輕柔，例如：適用於製作全蛋法海棉蛋糕、分蛋法海棉蛋糕、泡芙等。
相反地筋度較高的高筋麵粉，就適合用於製作派類、夸頌麵包、皮力歐許麵包等，手粉也是使用高筋麵粉，不易結粒的性質也可用於其他用途。

Sucre【砂糖】
製作法國甜點大多使用細砂糖或糖粉，細砂糖比上白糖的吸水性低，不易結粒使用上比較方便，糖粉由於顆粒細、容易溶解，依照其特性使用上各有各的用處。

Œuf【蛋】
雞蛋有各式各樣大小不同尺寸，基本平均用目測，雞蛋1個約55g、蛋黃佔20g、蛋白佔30g，在製造冰淇淋、英式奶油餡、慕斯時，蛋黃在加熱時不可超過80℃以上，若是無法加熱至高溫，應該選擇新鮮的雞蛋。

Beurre【無鹽奶油】
製作法國甜點基本上採用無鹽奶油，如果有必要再自行添加鹽分。奶油容易酸化，除了應購買新鮮奶油外，也需儘快使用完畢。

Lait, Creme【牛奶、鮮奶油】
鮮奶油乳脂肪含量20％左右為低脂，45％左右為高脂，含40％左右乳脂肪的鮮奶油，最適合用來糕點製作，不管是牛奶還是鮮奶油皆需在保存期限內使用完。

Poudre à lever【泡打粉】
是一種膨脹劑，也可稱為發粉。加入粉類中經過烘烤時所產生的碳酸瓦斯，會使麵糰體積自然膨脹，烘焙出的蛋糕口感綿密質輕。

Arôme【香料】
增加香味的材料。使用上不可過量，以免破壞麵糊整體的風味。較具代表性的香料有香草精、香草糖、香草條、杏仁香精、橙花水、肉桂粉、荳蔻粉、胡椒粉、茴香等，也可以將柳橙皮或檸檬皮刮下來切成細末當作香料。

Gelatine【明膠】
分為粉狀及片狀兩種，明膠片用冰水浸泡至柔軟狀態後使用，明膠粉直接加冰水使膨脹後使用。明膠溶解時需要隔水加熱，直接置於火上，會降低其凝固力。

Alcool【酒類】
增加糕點風味不可欠缺的材料，因此在製作蛋糕或水果組合上有多種不同的酒類搭配使用，常用酒類如下：
甜酒類—黑茶藨子酒、薄荷酒、杏桃酒
白蘭地類—蘋果酒、洋梨酒、覆盆子酒、櫻桃酒、雅馬尼白蘭地、干邑白蘭地
其他—蘭姆酒、白蘭姆酒

Fruit sec【水果乾】
比較常見的有葡萄乾、杏桃乾、蜜棗乾等，在法國甜點中常將水果乾與糖漿慢火燉煮（又稱為 Fruit confit）成糖漬橙皮、糖漬檸檬皮、糖漬櫻桃等水果。

Noix【堅果】
杏仁、胡桃、核桃、椰子、開心果、松子等種類繁多，又可分為粒狀、片狀、角狀、粉狀，因為容易酸化，所以儘量不要和空氣接觸，請密閉放在陰涼處保存。

Praline【堅果醬】
堅果與煮過的砂糖混合，壓成泥狀醬類，如杏仁醬及核桃醬，也有業者將上述兩種混合。

Chocolat【巧克力】
巧克力有各式各樣的種類及品質，不同的製造商會製作出不同可可脂的巧克力，如果可以的話儘量選擇品質較好的產品。在保存上也需小心，巧克力怕潮。也由於油脂量多，容易吸收異味，應該保存在密閉陰涼處。

Fondant【風凍】
糖漿煮至一定溫度後會呈乳白色霜狀，在家中做如果嫌手續繁瑣，可以買市面上現成的。

VOCABULAIRE
法國糕點用語解說

A

Abaisser 用擀麵棍將麵糰均一擀至所需的厚度。

B

bain-marie 1不用直接直火加熱，而是隔熱水加熱融化。
2模型放入四方深盆等，隔熱水加熱。

beurrer 模型內側或烤盤表面，刷上一層薄薄的融化或軟化奶油。

blanchir 使用攪拌器將蛋黃與砂糖攪打至淡黃色、濃稠的狀態。

C

canneler 柳橙或檸檬表面用刨絲器刮出表面溝紋做裝飾。

chemiser 1模型內刷上薄薄奶油或是在烤盤上撒粉或是鋪上石臘紙、防沾紙。
2烤模內側沾少許麵糊，使其能沾黏住烤模紙。

clarifier 1分開蛋黃、蛋白。
2奶油隔熱水加熱融化，將奶、油分離，只取澄清的油脂。

corner 利用刮板將攪拌盆或容器，全部材料乾淨的取出。

D

decorer 整型裝飾的一種步驟，用各式各樣材料裝飾甜點。

demouler 將烘焙出爐的蛋糕或已冷藏凝固的慕斯，從模型中取出。

detaille 麵糰取一定的份量分割，或用切模壓取出。

detrempe 粉、水、鹽攪拌成糰的麵糰，主要用於派皮製作時奶油裹入前階段的狀態。

dorer 在成形的麵皮表面用刷子沾蛋黃液（蛋黃打散過篩）塗於表面。

E

ebarber 將麵糰兩端或周圍多餘部分切下修平。

egoutter 置於網架上或篩網上除去多餘的水份。

F

fariner 為了不使麵糰沾在工作台上，可在工作台上撒入適量麵粉。

flamber 材料中加入酒，點火使酒內的酒精部分燃燒，只留下酒香。

foncer 將尺寸剛好的塔皮放入模型內的動作。

fontaine 工作台上或是攪拌盆中放入麵粉，中間做個凹槽周圍有粉圍邊如同泉狀。

fraiser 利用手掌靠手腕部分將麵糰由內往前做搓揉狀，使材料混合至光滑柔軟狀態。

G

griller 堅果類（杏仁、核桃、榛果等）在烤箱內烘烤至著色。

I

imbiber 將烘焙後蛋糕拍打上酒糖液或酒等液態物質，使其滲透入蛋糕體內。

M

macerer 如水果乾類等，浸泡在酒類或水果蒸餾酒中增加香味。

masquer 用打發的鮮奶油或融化的巧克力、瑪斯棒等放在蛋糕表面，將整體覆蓋住。

monter 利用攪拌器或是電動攪拌器將蛋白或是鮮奶油打發。

N

nappage 杏桃果醬過篩後刷於糕點或水果表面，使它更有光澤。

napper 將杏桃果醬或其他果醬、鮮奶油，用抹刀塗於塔或是蛋糕表面。

P

pincer 成形的麵皮利用指尖或是塔皮剪，將麵皮周圍掐出花樣。

piquer 麵皮戳洞壓好，為了使烘烤過程中不會有隆起現象，可利用叉子或是滾輪器戳洞。

pommade 油脂類或是鮮奶油類呈現出不結粒柔軟狀。

R

rayer 入烤箱前利用小刀在已塗有蛋液的麵糰表面上，割劃出線條裝飾。

ruban 如同蛋黃與砂糖打發後將攪拌器拉起時，有絲帶狀且不易消失層層疊疊起狀態。

S

sabler 麵粉與奶油用雙手搓揉拌合至「砂狀」。

T

tamiser 去除或過篩材料的結粒或雜質。

tremper 1薩巴汗甜品製作時需要浸泡在酒糖液中。

2利用巧克力或風凍，覆蓋整個甜品或是一部分，使其附著在甜品表面。

LE CORDON BLEU 東京分校

1895年創立於巴黎,是超過100年以上歷史的法國料理專門學校。湧入世界各地50幾個國家慕名而來的學生,在糕點部門從最初就貫徹「重視傳統與藝術性的法國糕點」的教育方針,畢業生在烹調界更是人材輩出、聞名遠外。來自日本的留學生也相當多,畢業證書儼然成為另一種身份的象徵。東京校設立於1991年,所以在日本當地也能學習到巴黎本校的正統課程。該校任用了許多來自巴黎本校的主廚,因此東京分校在日本被評為法國料理的文化中心,並獲得高度的評價。

本書承蒙本校糕點部門師傅和工作人員的熱情幫助,以及所有相關人員的大力支持,Le Cordon Bleu 在此表示衷心的感謝。

攝影 日置武晴　翻譯　千住麻里子
設計 中安章子　書籍設計若山嘉代子 L'espace

國家圖書館出版品預行編目資料

法國糕點基礎篇 II

法國藍帶東京分校　著;--初版.--臺北市
大境文化,2001[民90] 面;　公分.
(Joy Cooking系列;)
ISBN 957-0410-11-6

　　　1. 食譜 - 點心

　　427.16　　　　　　90009797

法國藍帶 東京學校
〒150 東京都涉谷區猿樂町28-13
ROOB-1　　TEL 03-5489-0141
LE CORDON BLEU
●8,rue Léon Delhomme 75015 Paris,France
●114 Marylebone Lane W1M 6HH London,England
http://www.cordonbleu.net
e-mail:info@cordonbleu.net

器具、布贊助廠商 PIERRE DEUX FRENCH COUNTRY
404 Airport Executive Park Nanuet, N.Y. 10954 U.S.A
TEL (914)426-7400　　FAX (914)426-0104
日本詢問處 PIERRE DEUX
〒150 東京都涉谷區惠比壽西1-17-2
TEL 03-3476-0802　　FAX 03-5456-9066

系列名稱 / 法國藍帶

書　名 / 法國糕點基礎篇 II

作　者 / 法國藍帶東京分校

翻　譯 / 朱里兒甜點工房

出版者 / 大境文化事業有限公司

發行人 / 趙天德

總編輯 / 車東蔚

文編 / 陳小君 徐慧芸

美編 / 車睿哲

地址 / 台北市中山北路六段726號5樓

TEL / (02)2876-2996

FAX / (02)2871-2664

初版日期 / 2001年9月

定　價 / 新台幣340元

ISBN / 957-0410-11-6

書　號 / 03

讀者專線 / (02)2872-8323

www.ecook.com.tw

E-mail / tkpbhing@ms27.hinet.net

劃撥帳號 / 19260956大境文化事業有限公司